U0236825

水利水电工程施工实用手册

砌体工程施工

《水利水电工程施工实用手册》编委会　编

中国环境出版社

图书在版编目(CIP)数据

砌体工程施工 /《水利水电工程施工实用手册》编委会编. —北京:中国环境出版社,2017.12

(水利水电工程施工实用手册)

ISBN 978-7-5111-3420-2

Ⅰ. ①砌… Ⅱ. ①水… Ⅲ. ①砌体结构－工程施工－技术手册 Ⅳ. ①TU754-62

中国版本图书馆 CIP 数据核字(2017)第 292858 号

出 版 人　武德凯
责任编辑　罗永席
责任校对　尹　芳
装帧设计　宋　瑞

出版发行　**中国环境出版社**
　　　　　(100062 北京市东城区广渠门内大街 16 号)
　　　　　网　　址:http://www.cesp.com.cn
　　　　　电子邮箱:bjgl@cesp.com.cn
　　　　　联系电话:010-67112765(编辑管理部)
　　　　　　　　　　010-67112739(建筑分社)
　　　　　发行热线:010-67125803,010-67113405(传真)
　　　　　印装质量热线:010-67113404
印　　刷　北京盛通印刷股份有限公司
经　　销　各地新华书店
版　　次　2017 年 12 月第 1 版
印　　次　2017 年 12 月第 1 次印刷
开　　本　787×1092　1/32
印　　张　9
字　　数　239 千字
定　　价　30.00 元

【版权所有。未经许可,请勿翻印、转载,违者必究。】
如有缺页、破损、倒装等印装质量问题,请寄回本社更换。

《水利水电工程施工实用手册》
编 委 会

总 主 编： 赵长海

副总主编： 郭明祥

编 委： 冯玉禄　李建林　李行洋　张卫军

　　　　　　刁望利　傅国华　肖恩尚　孔祥生

　　　　　　何福元　向亚卿　王玉竹　刘能胜

　　　　　　甘维忠　冷鹏主　钟汉华　董　伟

　　　　　　王学信　毛广锋　陈忠伟　杨联东

　　　　　　胡昌春

审 定： 中国水利工程协会

《砌体工程施工》

主　　编：向亚卿

副 主 编：石　硕　刘　毅　向紫卿

参编人员：马富强　刘　松　娄永和

主　　审：黄国秋　涂启龙

水利水电工程施工虽然与一般的工民建、市政工程及其他土木工程施工有许多共同之处，但由于其施工条件较为复杂，工程规模较为庞大，施工技术要求高，因此又具有明显的复杂性、多样性、实践性、风险性和不连续性的特点。如何科学、规范地进行水利水电工程施工是一个不断实践和探索的过程。近20年来，我国水利水电建设事业有了突飞猛进的发展，一大批水利水电工程相继建成，取得了举世瞩目的成就，同时水利水电施工技术水平也得到极大的提高，很多方面已达到世界领先水平。对这些成熟的施工经验、技术成果进行总结，进而推广应用，是一项对企业、行业和全社会都有现实意义的任务。

为了满足水利水电工程施工一线工程技术人员和操作工人的业务需求，着眼提高其业务技术水平和操作技能，在中国水利工程协会指导下，湖北水总水利水电建设股份有限公司联合湖北水利水电职业技术学院、中国水电基础局有限公司、中国水电第三工程局有限公司制造安装分局、郑州水工机械有限公司、湖北正平水利水电工程质量检测公司、山东水总集团有限公司等十多家施工单位、大专院校和科研院所，共同组成《水利水电工程施工实用手册》丛书编委会，组织编写了《水利水电工程施工实用手册》丛书。本套丛书共计16册，参与编写的施工技术人员及专家达150余人，从2015年5月开始，历时两年多时间完成。

本套丛书以现场需要为目的，只讲做法和结论，突出"实用"二字，围绕"工程"做文章，让一线人员拿来就能学，学了就会用。为达到学以致用的目的，本丛书突出了两大特点：一是通俗易懂、注重实用，手册编写是有意把一些繁琐的原理分析去掉，直接将最实用的内容呈现在读者面前；二是专业独立、相互呼应，全套丛书共计16册，各册内容既相互关联,又相对独立,实际工作中可以根据工程和专业需要,选择一本或几本进行参考使用,为一线工程技术人员使用本手册提供最大的便利。

《水利水电工程施工实用手册》丛书涵盖以下内容:

1)工程识图与施工测量;2)建筑材料与检测;3)地基与基础处理工程施工;4)灌浆工程施工;5)混凝土防渗墙工程施工;6)土石方开挖工程施工;7)砌体工程施工;8)土石坝工程施工;9)混凝土面板堆石坝工程施工;10)堤防工程施工;11)疏浚与吹填工程施工;12)钢筋工程施工;13)模板工程施工;14)混凝土工程施工;15)金属结构制造与安装(上、下册);16)机电设备安装。

在这套丛书编写和审稿过程中,我们遵循以下原则和要求对技术内容进行编写和审核:

1)各册的技术内容,要求符合现行国家或行业标准与技术规范。对于国内外先进施工技术,一般要经过国内工程实践证明实用可行,方可纳入。

2)以专业分类为纲,施工工序为目,各册、章、节格式基本保持一致,尽量做到简明化、数据化、表格化和图示化。对于技术内容,求对不求全,求准不求多,求实用不求系统,突出丛书的实用性。

3)为保持各册内容相对独立、完整,各册之间允许有部分内容重叠,但本册内应避免出现重复。

4)尽量反映近年来国内外水利水电施工领域的新技术、新工艺、新材料、新设备和科技创新成果,以便工程技术人员参考应用。

参加本套丛书编写的多为施工单位的一线工程技术人员,还有设计、科研单位和部分大专院校的专家、教授,参与审核的多为水利水电行业内有丰富施工经验的知名人士,全体参编人员和审核专家都付出了辛勤的劳动和智慧,在此一并表示感谢!在丛书的编写过程中,武汉大学水利水电学院的申明亮、朱传云教授,三峡大学水利与环境学院周宜红、赵春菊、孟永东教授,长江勘测规划设计研究院陈勇伦、李锋教授级高级工程师,黄河勘测规划设计有限公司孙胜利、李志明教授级高级工程师等,都对本书的编写提出了宝贵的意见,我们深表谢意!

中国水利工程协会组织并主持了本套丛书的审定工作,有关领导给予了大力支持,特邀专家们也都提出了修改意见和指导性建议,在此表示衷心感谢!

由于水利水电施工技术和工艺正在不断地进步和提高,而编写人员所收集、掌握的资料和专业技术水平毕竟有限,书中难免有很多不妥之处乃至错误,恳请广大的读者、专家和工程技术人员不吝指正,以便再版时增补订正。

让我们不忘初心,继续前行,携手共创水利水电工程建设事业美好明天!

《水利水电工程施工实用手册》编委会

2017 年 10 月 12 日

目 录

第一章

砌体材料

第一节 原材料

一、水泥

水泥:粉状水硬性无机胶凝材料。加水搅拌后成浆体,能在空气中硬化或者在水中更好的硬化,并能把砂、石等材料牢固地胶结在一起。cement 一词由拉丁文 caementum 发展而来,是碎石及片石的意思。早期石灰与火山灰的混合物与现代的石灰火山灰水泥很相似,用它胶结碎石制成的混凝土,硬化后不但强度较高,而且还能抵抗淡水或含盐水的侵蚀。长期以来,它作为一种重要的胶凝材料,广泛应用于土木建筑、水利、国防等工程。

1. 水泥的分类

(1) 按用途及性能。

1) 通用水泥:一般土木建筑工程通常采用的水泥。通用水泥主要是指现行国家标准《通用硅酸盐水泥》(GB 175—2007)(2015 年版)规定的六大类水泥,即硅酸盐水泥、普通硅酸盐水泥、矿渣硅酸盐水泥、火山灰质硅酸盐水泥、粉煤灰硅酸盐水泥和复合硅酸盐水泥。

2) 专用水泥:专门用途的水泥。如 G 级油井水泥、道路硅酸盐水泥。

3) 特性水泥:某种性能比较突出的水泥。如快硬硅酸盐水泥、低热矿渣硅酸盐水泥、膨胀硫铝酸盐水泥、磷铝酸盐水泥和磷酸盐水泥。

(2) 按主要水硬性物质名称。硅酸盐水泥(即国外通称的波特兰水泥)、铝酸盐水泥、硫铝酸盐水泥、铁铝酸盐水泥、氟铝酸盐水泥、磷酸盐水泥、以火山灰或潜在水硬性材料及其他活性材料为主要组分的水泥。

(3) 按主要技术特性。快硬性水泥(分为快硬和特快硬两类)、水化热水泥(分为中热和低热两类)、抗硫酸盐性水泥(分为中抗硫酸盐腐蚀和高抗硫酸盐腐蚀两类)、膨胀性水泥(分为膨胀和自应力两类)、耐高温性水泥。

2. 组分与材料

(1) 组分。通用硅酸盐水泥的组分应符合表1-1的规定。

(2) 材料。

1) 硅酸盐水泥熟料。由主要含 CaO、SiO_2、Al_2O_3、Fe_2O_3 的原料,按适当比例磨成细粉烧至部分熔融所得以硅酸钙为主要矿物成分的水硬性胶凝物质。其中硅酸钙矿物不小于66%,氧化钙和氧化硅质量比不小于2.0。

2) 石膏。

①天然石膏:应符合现行国家标准《天然石膏》(GB/T 5483—2008)中规定的 G 类或 M 类二级(含)以上的石膏或混合石膏。

②工业副产石膏:以硫酸钙为主要成分的工业副产物。采用前应经过试验证明对水泥性能无害。

3) 活性混合材料。符合现行国家标准 GB/T 203—2008、GB/T 18046—2008、GB/T 1596—2005、GB/T 2847—2005 标准要求的粒化高炉矿渣、粒化高炉矿渣粉、粉煤灰、火山灰质混合材料。

4) 非活性混合材料。活性指标分别低于现行国家标准 GB/T 203—2008、GB/T 18046—2008、GB/T 1596—2005、GB/T 2847—2005 标准要求的粒化高炉矿渣、粒化高炉矿渣粉、粉煤灰、火山灰质混合材料;石灰石和砂岩,其中石灰石中的三氧化二铝含量应不大于2.5%。

5) 窑灰。符合现行行业标准《掺入水泥中的回转窑窑灰》(JC/T 742—2009)的规定。

6) 助磨剂。水泥粉磨时允许加入助磨剂,其加入量应不

表 1-1　　　　　　　　　　　**通用硅酸盐水泥的组分规定**

品种	代号	组分/%				
		熟料+石膏	粒化高炉矿渣	火山灰质混合材料	粉煤灰	石灰石
硅酸盐水泥	P·I	100	—	—	—	—
	P·II	≥95	≤5	—	—	—
		≥95	—	—	—	≤5
普通硅酸盐水泥	P·O	≥80 且 <95	>5 且 ≤20[a]			
矿渣硅酸盐水泥	P·S·A	≥50 且<80	>20 且≤50[b]	—	—	—
	P·S·B	≥30 且<50	>50 且≤70[b]	—	—	—
火山灰质硅酸盐水泥	P·P	≥60 且<80		>20 且≤40[c]		
粉煤灰硅酸盐水泥	P·F	≥60 且<80			>20 且≤40[d]	
复合硅酸盐水泥	P·C	≥50 且<80	>20 且≤50[e]			

注: a. 本组分材料为符合现行国家标准 GB 175—2007(2015 年版)5.2.3 的活性混合材料,其中允许用不超过水泥质量 8% 且符合现行国家标准 GB 175—2007(2015 年版)5.2.4 的非活性混合材料或不超过水泥质量 5% 且符合现行国家标准 GB 175—2007(2015 年版)5.2.5 的窑灰代替。

　　b. 本组分材料为符合现行国家标准《用于水泥中的粒化高炉矿渣》(GB/T 203—2008)或现行国家标准《用于水泥和混凝土中的粒化高炉矿渣粉》(GB/T 18046—2008)的活性混合材料,其中允许用不超过水泥质量 8% 且符合现行国家标准 GB 175—2007(2015 年版)第 5.2.3 条的活性混合材料或符合现行国家标准 GB 175—2007(2015 年版)第 5.2.4 条的非活性混合材料或符合现行国家标准 GB 175—2007(2015 年版)第 5.2.5 条的窑灰中的任一种材料代替。

　　c. 本组分材料为符合现行国家标准《用于水泥中的火山灰质混合材料》(GB/T 2847—2005)的活性混合材料。

　　d. 本组分材料为符合现行国家标准《用于水泥和混凝土中的粉煤灰》(GB/T 1596—2005)的活性混合材料。

　　e. 本组分材料是由两种(含)以上符合现行国家标准 GB 175—2007(2015 年版)第 5.2.3 条的活性混合材料,或符合现行国家标准 GB 175—2007(2015 年版)第 5.2.4 条的非活性混合材料组成,其中允许用不超过水泥质量 8% 且符合现行国家标准 GB 175—2007(2015 年版)第 5.2.5 条的窑灰代替。掺矿渣时混合材料掺量不得与矿渣硅酸盐水泥重复。

大于水泥质量的 0.5%,助磨剂应符合现行行业标准《水泥助磨剂》(JC/T 667—2004)的规定。

3. 强度等级

(1)硅酸盐水泥的强度等级分为 42.5、42.5R、52.5、52.5R、62.5、62.5R 六个等级。

(2)普通硅酸盐水泥的强度等级分为 42.5、42.5R、52.5、52.5R 四个等级。

(3)矿渣硅酸盐水泥、火山灰质硅酸盐水泥、粉煤灰硅酸盐水泥、复合硅酸盐水泥的强度等级分为 32.5、32.5R、42.5、42.5R、52.5、52.5R 六个等级。

4. 化学指标

(1)化学指标应符合表 1-2 的规定。

表 1-2 通用硅酸盐水泥的化学指标

品种	代号	不溶物/%(质量分数)	烧失量/%(质量分数)	三氧化硫/%(质量分数)	氧化镁/%(质量分数)	氯离子/%(质量分数)
硅酸盐水泥	P·I	≤0.75	≤3.0	≤3.5	≤5.0ᵃ	≤0.06ᶜ
	P·II	≤1.50	≤3.5			
普通硅酸盐水泥	P·O	—	≤5.0			
矿渣硅酸盐水泥	P·S·A	—	—	≤4.0	≤6.0ᵇ	
	P·S·B	—	—		—	
火山灰质硅酸盐水泥	P·P	—	—	≤3.5	≤6.0ᵇ	
粉煤灰硅酸盐水泥	P·F	—	—			
复合硅酸盐水泥	P·C	—	—			

注:a. 如果水泥压蒸试验合格,则水泥中氧化镁的含量(质量分数)允许放宽至 6.0%。

b. 如果水泥中氧化镁的含量(质量分数)大于 6.0%时,需进行水泥压蒸安定性试验并合格。

c. 当有更低要求时,该指标由买卖双方协商确定。

(2)碱含量(选择性指标)。水泥中的碱超过一定含量时,遇上骨料中的活性物质如活性 SiO_2,会生成膨胀性的产物,导致混凝土开裂破坏。为防止发生此类反应,需对水泥中的碱进行控制。现行国家标准 GB 175—2007(2015 年版)中将碱含量定为选择性指标。若使用活性骨料,用户要求提供低碱水泥时,水泥中碱含量按 $Na_2O+0.658K_2O$ 计算的质量百分率应不大于 0.60%,或由买卖双方协商确定。

5. 物理指标

(1) 凝结时间。

1) 硅酸盐水泥初凝不小于 45min,终凝不大于 390min。

2) 普通硅酸盐水泥、矿渣硅酸盐水泥、火山灰质硅酸盐水泥、粉煤灰硅酸盐水泥和复合硅酸盐水泥初凝不小于45min,终凝不大于 600min。

(2) 强度。不同品种不同强度等级的通用硅酸盐水泥,其不同各龄期的强度应符合表 1-3 的规定。

表 1-3　　　　　通用硅酸盐水泥的强度要求　　　(单位:MPa)

品种	强度等级	抗压强度		抗折强度	
		3d	28d	3d	28d
硅酸盐水泥	42.5	≥17.0	≥42.5	≥3.5	≥6.5
	42.5R	≥22.0		≥4.0	
	52.5	≥23.0	≥52.5	≥4.0	≥7.0
	52.5R	≥27.0		≥5.0	
	62.5	≥28.0	≥62.5	≥5.0	≥8.0
	62.5R	≥32.0		≥5.5	
普通硅酸盐水泥	42.5	≥17.0	≥42.5	≥3.5	≥6.5
	42.5R	≥22.0		≥4.0	
	52.5	≥23.0	≥52.5	≥4.0	≥7.0
	52.5R	≥27.0		≥5.0	
矿渣硅酸盐水泥 火山灰质硅酸盐水泥 粉煤灰硅酸盐水泥 复合硅酸盐水泥	32.5	≥10.0	≥32.5	≥2.5	≥5.5
	32.5R	≥15.0		≥3.5	
	42.5	≥15.0	≥42.5	≥3.5	≥6.5
	42.5R	≥19.0		≥4.0	
	52.5	≥21.0	≥52.5	≥4.0	≥7.0
	52.5R	≥23.0		≥4.5	

（3）细度（选择性指标）。

1）硅酸盐水泥和普通硅酸盐水泥以比表面积表示，不小于 $300m^2/kg$；矿渣硅酸盐水泥、火山灰质硅酸盐水泥、粉煤灰硅酸盐水泥和复合硅酸盐水泥以筛余表示，$80\mu m$ 方孔筛筛余不大于 10% 或 $45\mu m$ 方孔筛筛余不大于 30%。

2）水泥颗粒的粗细直接影响水泥的需水量、凝结硬化及强度。水泥颗粒越细，与水起反应的比表面积越大，水化较快，早期强度及后期强度都较高。但水泥颗粒过细，研磨水泥能耗大，成本也较高，且易与空气中的水分及二氧化碳起反应，不宜久置，硬化时收缩也较大。若水泥颗粒过粗，则不利于水泥活性的发挥。

（4）标准稠度用水量。

1）由于加水量的多少，对水泥的一些技术性质（如凝结时间等）的测定值影响很大，故测定这些性质时，必须在一个规定的稠度下进行。这个规定的稠度，称为标准稠度。水泥净浆达到标准稠度时所需的拌和水量（以水占水泥质量的百分比表示），称为标准稠度用水量（也称需水量）。

2）硅酸盐水泥的标准稠度用水量一般在 $24\%\sim30\%$ 之间。水泥熟料矿物成分不同时，其标准稠度用水量亦有差别。水泥磨得越细，标准稠度用水量越大。

3）水泥标准中，对标准稠度用水量没有提出具体要求。但标准稠度用水量的大小能在一定程度上影响混凝土的性能。标准稠度用水量较大的水泥，拌制同样稠度的混凝土，加水量也较大，故硬化时收缩较大，硬化后的强度及密实度也较差。因此，当其他条件相同时，水泥标准稠度用水量越小越好。

（5）体积安定性。

1）水泥的体积安定性，是指水泥在凝结硬化过程中，体积变化的均匀性。若水泥硬化后体积变化不均匀，即所谓的安定性不良。使用安定性不良的水泥会造成构件产生膨胀性裂缝，降低建筑物质量，甚至引起严重事故。

2）造成水泥安定性不良的原因主要是由于熟料中含有

过多的游离氧化钙(f-CaO)或游离氧化镁(f-MgO),以及水泥粉磨时掺入的石膏超量。熟料中所含游离氧化钙或游离氧化镁都是过烧的,结构致密,水化很慢,加之被熟料中其他成分所包裹,使得在水泥已经硬化后才进行水化,产生体积膨胀,引起不均匀的体积变化。当石膏掺入量过多时,水泥硬化后,残余石膏与固态水化铝酸钙继续反应生成钙矾石,体积增大约 1.5 倍,从而导致水泥石开裂。

3) 沸煮能加速 f-CaO 的水化,国家标准规定用沸煮法检验水泥的体积安定性。其方法是将水泥净浆试饼或雷氏夹试件煮沸 3h 后,用肉眼观察试饼未发现裂纹,用直尺检查也没有弯曲现象,或测得两个雷氏夹试件的膨胀值的平均值不大于 5mm 时,则体积安定性合格;反之,则为不合格。

4) 现行国家标准 GB 175—2007(2015 年版)规定,水泥安定性经沸煮法试验必须合格,方可使用。

6. 其他指标

(1) 密度与堆积密度。硅酸盐水泥的密度一般在 3.0～3.2g/cm³ 之间,贮存过久的水泥,密度稍有降低。

水泥在松散状态时的堆积密度,一般在 900～1300kg/m³ 之间,紧密状态时可达 1400～1700kg/m³ 。

(2) 水化热。

1) 水泥在水化过程中所放出的热量,称为水泥的水化热(kJ/kg)。水泥水化热的大部分是在水化热初期(7d 内)放出的,后期放热逐渐减少。

2) 水泥水化热的大小及放热速率,主要决定于水泥熟料的矿物组成及细度等。通常强度等级高的水泥,水化热较大。凡起促凝作用的因素(如加 $CaCl_2$)均可提高早期水化热;反之,凡能减慢水化反应的因素(如加入缓凝剂),则能降低早期水化热。

3) 水泥的这种放热特性,对大体积混凝土建筑物是不利的。它能使建筑物内部与表面产生较大的温差,引起局部拉应力,使混凝土发生裂缝。因此,大体积混凝土工程应采用放热功量较低的水泥。

4）现行国家标准 GB 175—2007（2015 年版）中规定，化学指标、凝结时间、安定性、强度中的任何一项技术指标不符合标准规定要求时，均为不合格品。水泥的碱含量和细度两项技术指标属于选择性指标，并非必检项目。

7. 硅酸盐水泥的特性与应用

硅酸盐水泥中的混合材料掺量很少，其特性主要取决于所用水泥熟料矿物的组成与性能。因此，硅酸盐水泥通常具有以下基本特性。

（1）水化、凝结与硬化速度快，强度高。硅酸盐水泥中熟料多，即水泥中 C_3S 含量多，水化、凝结硬化快，早期强度与后期强度均高。通常土木工程中所采用的硅酸盐水泥多为强度等级较高的水泥，主要用于要求早强的结构工程，大跨度、高强度、预应力结构等重要结构的混凝土工程。

（2）水化热大，且放热较集中。硅酸盐水泥中早期参与水化反应的熟料成分比例高，尤其是其中的 C_3S 和 C_3A 含量更高，使其在凝结硬化过程中的放热反应表现较为剧烈。通常情况下，硅酸盐水泥的早期水化放热量大，放热持续时间也较长；其 3d 内的水化放热量约占其总放热量的 50%，3 个月后可达到总放热量的 90%。因此，硅酸盐水泥适用于冬季施工，不适宜在大体积混凝土等工程中使用。

（3）抗冻性好。硅酸盐水泥石具有较高的密实度，且具有对抗冻性有利的孔隙特征，因此抗冻性好，适用于严寒地区遭受反复冻融循环的混凝土工程及干湿交替的部位。

（4）耐腐蚀性差。硅酸盐水泥的水化产物中含有较多可被侵蚀的物质（如氢氧化钙等），因此，它不适合用于软水环境或酸性介质环境中的工程，也不适用于经常与流水接触或有压力水作用的工程。

（5）耐热性差。随着温度的升高，硅酸盐水泥的硬化结构中的某些组分会产生较明显的变化。当受热温度达到 $400\sim600$℃时，其水泥中的部分矿物将会产生明显的晶型转变或分解，导致其结构强度显著下降。当温度达到 $700\sim1000$℃时，其水泥石结构会遭到严重破坏，而表现为强度的严重降低,甚至产生结构崩溃。故硅酸盐水泥不适用于有耐热、高温要求的混凝土工程。

(6)干缩性小。硅酸盐水泥在凝结硬化过程中生成大量的水化硅酸钙凝胶,游离水分少,水泥石密实,硬化时干燥收缩小,不易产生干缩性裂纹,可用于干燥环境中的混凝土工程。

(7)抗碳化性好。硅酸盐水泥硬化后的水泥石显示强碱性,埋于其中的钢筋在碱性环境中表面生成一层灰色钝化膜,可保持钢筋不生锈。硅酸盐水泥碱性强且密实度高,抗碳化能力强,特别适用于重要的钢筋混凝土结构及预应力混凝土工程。

(8)耐磨性好。硅酸盐水泥强度高,耐磨性好,适用于道路、地面等对耐磨性要求高的工程。

8. 掺混合材料的硅酸盐水泥

在硅酸盐水泥熟料中掺入不同种类的混合材料,可制成性能不同的掺混合材料的通用硅酸盐水泥。常用的有普通硅酸盐水泥、矿渣硅酸盐水泥、火山灰质硅酸盐水泥、粉煤灰硅酸盐水泥及复合硅酸盐水泥。

(1)普通硅酸盐水泥。根据现行国家标准 GB 175—2007(2015 年版),普通硅酸盐水泥的定义是:凡由硅酸盐水泥熟料、5%~20%混合材料、适量石膏磨细制成的水硬性胶凝材料,称为普通硅酸盐水泥(简称普通水泥),代号 P·O。掺活性混合材料时,最大掺量不得超过 20%,其中允许用不超过水泥质量 5%的窑灰或不超过水泥质量 8%的非活性混合材料来代替。

普通硅酸盐水泥的成分中,绝大部分仍是硅酸盐水泥熟料,故其基本特性与硅酸盐水泥相近。但由于普通硅酸盐水泥中掺入了少量混合材料,故某些性能与硅酸盐水泥比较,又稍有些差异。普通水泥的早期硬化速度稍慢,强度略低。同时,普通水泥的抗冻、耐磨等性能也较硅酸盐水泥稍差。

(2)矿渣硅酸盐水泥。根据现行国家标准 GB 175—2007(2015 年版)的规定,矿渣硅酸盐水泥的定义是:凡由硅酸盐水泥熟料和粒化高炉矿渣、适量石膏磨细制成的水硬性胶凝材料,称为矿渣硅酸盐水泥(简称矿渣水泥),代号为 P·S。矿渣水泥中粒化高炉矿渣掺量按质量百分比计为 20%~70%,按掺量不同分为 A 型和 B 型两种。A 型矿渣水泥的矿渣掺量为 20%~50%,其代号 P·S·A;B 型矿渣水泥的矿渣掺量为 50%~70%,其代号 P·S·B。允许用石灰石、窑灰和火山灰质混合材料中的一种材料代替矿渣,代替总量不得超过水泥质量的 8%,替代后水泥中的粒化高炉矿渣不得少于 20%。

矿渣硅酸盐水泥加水后,首先是水泥熟料颗粒开始水化。继而,矿渣受熟料水化时所析出的 $Ca(OH)_2$ 的激发,活性 SiO_2、Al_2O_3 即与 $Ca(OH)_2$ 作用形成具有胶凝性能的水化硅酸钙和水化铝酸钙。

矿渣硅酸盐水泥中加入的石膏,一方面可调节水泥的凝结时间,另一方面又是矿渣的激发剂。因此,石膏的掺量一般可比硅酸盐水泥中稍多一些。但若掺量太多,也会降低水泥的质量。现行国家标准中规定,矿渣硅酸盐水泥中的 SO_3 含量不得超过 4%。

矿渣硅酸盐水泥的密度一般为 $2.8~3.0g/cm^3$。不同强度等级的矿渣硅酸盐水泥,其强度指标见表 1-3。

矿渣硅酸盐水泥与硅酸盐水泥及普通水泥相比较,主要有以下特点:

1) 具有较强的抗溶出性侵蚀及抗硫酸盐侵蚀的能力。由于矿渣硅酸盐水泥中掺加了大量矿渣,熟料相对减少,C_3S 及 C_3A 的含量也相对减少;又因水化过程中所析出的 $Ca(OH)_2$ 与矿渣作用,生成较稳定的水化硅酸钙及水化铝酸钙。这样,在硬化后的水泥石中,游离 $Ca(OH)_2$ 及易受硫酸盐侵蚀的水化铝酸钙都大为减少,从而提高了抗溶出性侵蚀及抗硫酸盐侵蚀的能力。故矿渣硅酸盐水泥较适用于受溶出性或硫酸盐侵蚀的水工建筑工程、海港工程及地下工程。但在酸性水(包括碳酸)及含镁盐的水中,矿渣硅酸盐水泥的抗侵蚀性能却较硅酸盐水泥及普通水泥为差。

2) 水化热低。在矿渣水泥中,由于熟料减少,使发热量

高的 C_3S 和 C_3A 含量相对减少故其水化热较低,宜用于大体积工程中。

3)早期强度低,后期强度增长率大。矿渣硅酸盐水泥中活性 SiO_2、Al_2O_3 与 $Ca(OH)_2$ 的化合反应在常温下进行得较为缓慢,故矿渣硅酸盐水泥早期硬化较慢,其早期(28d 以前)强度较同强度等级的硅酸盐水泥及普通水泥为低(见表 1-3);而 28d 以后的强度发展将超过硅酸盐水泥及普通水泥。

4)环境温度对凝结硬化的影响较大。矿渣硅酸盐水泥在较低温度下,凝结硬化较硅酸盐水泥及普通水泥缓慢,故冬季施工时,更需加强保温养护措施。但在湿热条件下,矿渣硅酸盐水泥的强度发展却较硅酸盐水泥及普通水泥为快,故矿渣硅酸盐水泥适于蒸汽养护。

5)保水性差,泌水性较大。水泥加水拌和后,水泥浆体能够保持一定量的水分而不析出的性能,称为保水性。当加水量超过其保水能力时,在凝结过程中将有部分水从泥浆中析出,这种析出水分的性能,称为泌水性或析水性。因此,保水性和泌水性这两个名称实际上是表述同一事物的两个方面。由于矿渣在与熟料共同粉磨过程中,颗粒难于磨得很细,且矿渣玻璃质亲水性较弱,因而矿渣硅酸盐水泥的保水性较差,泌水性较大。这是一个缺点,它易使混凝土内形成毛细管通道及水囊,当水分蒸发后,便形成孔隙,降低混凝土的密实性、均匀性及抗渗性。

6)干缩性较大。水泥在空气中硬化时,随着水分的蒸发,体积会有微小的收缩,称为干缩。水泥干缩是一种不良的性质,它将直接引起混凝土产生干缩,易使混凝土表面发生很多微细裂缝,从而降低混凝土的耐久性和力学性能。矿渣硅酸盐水泥的干缩性较硅酸盐水泥及普通水泥大。因此,使用矿渣硅酸盐水泥时,应注意加强养护。

7)抗冻性较差,耐磨性较差。水泥抗冻性及耐磨性的强弱,是影响混凝土抗冻性及耐磨性的重要因素。矿渣硅酸盐水泥抗冻性及耐磨性均较硅酸盐水泥及普通水泥差。因此,矿渣硅酸盐水泥不宜用于严寒地区水位经常变动的部位,也不宜用于高速挟沙水流冲刷或其他具有耐磨要求的工程。

8）碳化速度较快、深度较大。用矿渣硅酸盐水泥拌制的砂浆及混凝土,由于水泥石中 Ca(HO)$_2$ 浓度(碱度)较硅酸盐水泥及普通水泥低,因而表层的碳化作用进行得较快,碳化深度也较大。这对钢筋混凝土是不利的,当碳化深入达到钢筋表面时,就会导致钢筋锈蚀。

9）耐热性较强。矿渣硅酸盐水泥的耐热性较强,因此,较其他品种水泥更适用于高温车间、高炉基础等耐热工程。

（3）火山灰质硅酸盐水泥。根据现行国家标准 GB 175—2007(2015 年版)的规定,火山灰质硅酸盐水泥的定义是:凡由硅酸盐水泥熟料和火山灰质混合材料、适量石膏磨细制成的水硬性胶凝材料,称为火山灰质硅酸盐水泥(简称火山灰水泥),代号 P·P。水泥中火山灰质混凝合材料掺量按质量百分比计为 20％～40％。

火山灰质硅酸盐水泥的密度在 2.7～3.1g/cm^3 之间。火山灰质硅酸盐水泥对细度、凝结时间及体积安定性的技术要求与矿渣硅酸盐水泥相同。不同强度等级火山灰质硅酸盐水泥的强度指标见表 1-3。

火山灰质硅酸盐水泥的许多性能,如抗侵蚀性、水化时的放热量、强度及其增长率、环境温度对凝结硬化的影响、碳化速度等,都与矿渣硅酸盐水泥有相同的特点。

火山灰质硅酸盐水泥的抗冻性及耐磨性比矿渣质硅酸盐水泥还要差一些。故应避免用于有抗冻及耐磨要求的部位。它在硬化过程中的干缩现象较矿渣质硅酸盐水泥更为显著,尤其所掺为软质混合材料时更加突出。因此,使用时,需特别注意加强养护,使之较长时间保持潮湿状态,以避免产生干缩裂缝。处于干热环境施工的工程,不宜使用火山灰质硅酸盐水泥。

火山灰质硅酸盐水泥的标准稠度用水量比一般水泥都大,泌水性较小。此外,火山灰质混合材料在石灰溶液中会产生膨胀现象,使拌制的混凝土较为密实,故抗渗性较高。

（4）粉煤灰硅酸盐水泥。根据现行国家标准 GB 175—

2007(2015 年版)的规定,粉煤灰硅酸盐水泥的定义是:凡由硅酸盐水泥熟料和粉煤灰、适量石膏磨细制成的水硬性胶凝材料,称为粉煤灰硅酸盐水泥(简称粉煤灰水泥),代号 P·F。水泥中粉煤灰掺量按质量百分比计为 20%～40%。

粉煤灰硅酸盐水泥对细度、凝结时间及体积安定性的技术要求与矿渣硅酸盐水泥相同。不同强度等级的粉煤灰硅酸盐水泥强度指标见表 1-3。

粉煤灰硅酸盐水泥的凝结硬化过程与火山灰质硅酸盐水泥基本相同,在性能上也与火山灰质硅酸盐水泥有很多相似之处。现行国家标准 GB 175—2007(2015 年版)把粉煤灰硅酸盐水泥列为一个独立的水泥品种,是因为一方面粉煤灰的综合利用有着重要的政治经济意义,另一方面粉煤灰硅酸盐水泥在性能上有它独自的特点。

粉煤灰硅酸盐水泥的主要特点是干缩性比较小,甚至比硅酸盐水泥及普通水泥还小,因而抗裂性较好。用粉煤灰硅酸盐水泥配制的混凝土和易性较好。这主要是由于粉煤灰中的细颗粒多呈球形(玻璃微珠),且较为致密,吸水性较小,而且还起着一定的润滑作用之故。

由于粉煤灰硅酸盐水泥有干缩性较小、抗裂性较好的优点,再加上它的水化热较硅酸盐水泥及普通水泥低,抗侵蚀性较强,因此特别适用于水利工程及大体积建筑物。

(5) 复合硅酸盐水泥。根据现行国家标准 GB 175—2007(2015 年版)的规定,复合硅酸盐水泥的定义是:凡由硅酸盐水泥熟料、两种或两种以上规定的混合材料、适量石膏磨细制成的水硬性胶凝材料,称为复合硅酸盐水泥(简称复合水泥),代号 P·C。水泥中混合材料总掺量按质量百分比计应大于 20%,但不超过 50%。水泥中允许用不超过 8% 的窑灰代替部分混合材料;掺矿渣时混合材料掺量不得与矿渣硅酸盐水泥重复。

用于掺入复合硅酸盐水泥的混合材料有多种。除符合国家标准的粒化高炉矿渣、粉煤灰及火山灰质混合材料外,还可掺用符合标准的粒化精炼铁渣、粒化增钙液态渣及各种新开发的活性混合性材料以及各种非活性混合性材料。因此,复合硅酸盐水泥更加扩大了混合材料的使用范围,既利用了混合材料资源,缓解了工业废渣的污染问题,又大大降低了水泥的生产成本。

复合硅酸盐水泥同时掺入两种或两种以上的混合材料,它们在水泥中不是每种混合材料作用的简单叠加,而是相互补充。如矿渣与石灰石复掺,使水泥既有较高的早期强度,又有较高的后期强度增长率;又如火山灰与矿渣复掺,可有效地减少水泥的需水性。水泥中同时掺入两种或多种混合材料,可更好地发挥混合材料各自的优良特性,使水泥性能得到全面改善。

根据现行国家标准 GB 175—2007(2015 年版),复合硅酸盐水泥对细度、凝结时间及体积安定性的技术要求与矿渣硅酸盐水泥相同。不同强度等级的复合硅酸盐水泥,其强度指标见表 1-3。

为方便水泥的选用,不同品种的通用硅酸盐系水泥的主要特性和适用环境与选用原则分别见表 1-4 和表 1-5。

表 1-4　　　　　　通用硅酸盐水泥的特性

项目	硅酸盐水泥	普通硅酸盐水泥	矿渣硅酸盐水泥	火山灰质硅酸盐水泥	粉煤灰硅酸盐水泥	复合硅酸盐水泥
性质	1. 早期、后期强度高; 2. 水化热大; 3. 抗冻性好; 4. 耐腐蚀性差; 5. 耐热性差; 6. 干缩性小; 7. 抗碳化性好; 8. 耐磨性好;	1. 早期强度较高; 2. 水化热较大; 3. 抗冻性较好; 4. 耐腐蚀性较差; 5. 耐热性较差; 6. 干缩性较小; 7. 抗碳化性较好; 8. 耐磨性较好; 9. 抗渗性较好	共　性 凝结硬化慢; 早期强度低,后期强度增长较快; 水化热低; 抗冻性差; 耐腐蚀性较好; 抗碳化性较差; 对温、湿度敏感,适合蒸汽养护、高温养护			
			特　性			
			1.耐热性好; 2.泌水性大,抗渗性差; 3.干缩性较大	1. 保水性好,抗渗性好; 2. 干缩性大; 3. 耐磨性差	1.干缩性小; 2.抗裂性好; 3.泌水性大,抗渗性差; 4.耐磨性差	与所掺混合材料的种类、掺量有关

表 1-5 不同品种的通用硅酸盐系水泥适用环境与选用原则

工程特点及所处环境			优先选用	可以选用	不宜选用
普通混凝土	1	在一般气候环境中混凝土	普通硅酸盐水泥	矿渣硅酸盐水泥、火山灰质硅酸盐水泥、粉煤灰硅酸盐水泥、复合硅酸盐水泥	—
	2	在干燥环境中混凝土	普通硅酸盐水泥	粉煤灰硅酸盐水泥	火山灰质硅酸盐水泥、矿渣硅酸盐水泥
	3	在高湿环境中或长期处于水中的混凝土	矿渣硅酸盐水泥、火山灰质硅酸盐水泥、粉煤灰硅酸盐水泥、复合硅酸盐水泥	普通硅酸盐水泥	—
	4	大体积混凝土	矿渣硅酸盐水泥、火山灰质硅酸盐水泥、粉煤灰硅酸盐水泥、复合硅酸盐水泥	普通硅酸盐水泥	硅酸盐水泥
有特殊要求的混凝土	1	要求快硬、高强的混凝土	硅酸盐水泥	普通硅酸盐水泥	矿渣硅酸盐水泥、火山灰质硅酸盐水泥、粉煤灰硅酸盐水泥、复合硅酸盐水泥
	2	严寒地区的露天混凝土、寒冷地区处于水位升降范围内的混凝土	普通硅酸盐水泥	矿渣硅酸盐水泥（强度等级>32.5）	火山灰质硅酸盐水泥、粉煤灰硅酸盐水泥
	3	严寒地区处于水位升降范围内的混凝土	普通硅酸盐水泥（强度等级>42.5）	—	矿渣硅酸盐水泥、火山灰质硅酸盐水泥、粉煤灰硅酸盐水泥、复合硅酸盐水泥
	4	有抗渗要求的混凝土	普通硅酸盐水泥、火山灰质硅酸盐水泥	—	矿渣硅酸盐水泥、粉煤灰硅酸盐水泥

工程特点及所处环境		优先选用	可以选用	不宜选用
有特殊要求的混凝土	5 有耐磨性要求的混凝土	硅酸盐水泥、普通硅酸盐水泥	矿渣硅酸盐水泥(强度等级>32.5)	火山灰质硅酸盐水泥、粉煤灰硅酸盐水泥
	6 受侵蚀性介质作用的混凝土	矿渣硅酸盐水泥、火山灰质硅酸盐水泥、粉煤灰硅酸盐水泥、复合硅酸盐水泥	—	硅酸盐水泥、普通硅酸盐水泥

9. 水泥的验收、运输与贮存

工程中应用水泥,不仅要对水泥品种进行合理选择,质量验收时还要严格把关,妥善进行运输、保管、贮存等也是必不可少的。

(1)验收。

1)交货验收。交货时水泥的质量验收可抽取实物试样以其检验结果为依据,也可以生产者同编号水泥的检验报告为依据。采取何种方法验收由买卖双方商定,并在合同或协议中注明。卖方有告知买方验收方法的责任。当无书面合同或协议,或未在合同、协议中注明验收方法的,卖方应在发货票上注明"以本厂同编号水泥的检验报告为验收依据"字样。

根据供货单位的发货明细表或入库通知单及质量合格证,分别核对水泥包装上所注明的执行标准、水泥品种、代号、强度等级、生产者名称、生产许可证标志(QS)及编号、出厂编号、包装日期、净含量。掺火山灰质混合材料的普通水泥和矿渣水泥还应标上"掺火山灰"字样。包装袋两侧应根据水泥的品种采用不同的颜色印刷水泥名称和强度等级,硅酸盐水泥和普通硅酸盐水泥采用红色,矿渣硅酸盐水泥采用绿色,火山灰质硅酸盐水泥、粉煤灰硅酸盐水泥和复合硅酸盐水泥采用黑色或蓝色。散装发运时应提交与袋装标志相同内容的卡片。

2) 数量验收。水泥可以散装或袋装,袋装水泥每袋净含量为 50kg,且应不少于标志质量的 99%;随机抽取 20 袋总质量(含包装袋)应不少于 1000kg。其他包装形式由供需双方协商确定,但有关袋装质量要求,应符合上述规定。

3) 质量验收。以抽取实物试样的检验结果为验收依据时,买卖双方应在发货前或交货地共同取样和签封。取样方法按现行国家标准《水泥取样方法》(GB/T 12573—2008)进行,取样数量为 20kg,缩分为二等份。一份由卖方保存 40d,一份由买方按标准规定的项目和方法进行检验。

在 40d 以内,买方检验认为产品质量不符合标准要求,而卖方又有异议时,则双方应将卖方保存的另一份试样送省级或省级以上国家认可的水泥质量监督检验机构进行仲裁检验。水泥安定性仲裁检验时,应在取样之日起 10d 以内完成。

以生产者同编号水泥的检验报告为验收依据时,在发货前或交货时买方在同编号水泥中取样,双方共同签封后由卖方保存 90d,或认可卖方自行取样、签封并保存 90d 的同编号水泥的封存样。

在 90d 内,买方对水泥质量有疑问时,则买卖双方应将共同认可的试样送省级或省级以上国家认可的水泥质量监督检验机构进行仲裁检验。

(2) 运输与贮存。

1) 水泥的受潮。水泥是一种具有较大表面积、极易吸湿的材料,在贮运过程中,如与空气接触,则会吸收空气中的水分和二氧化碳而发生部分水化反应和碳化反应,从而导致水泥变质,这种现象称为风化或受潮。受潮水泥由于水化产物的凝结硬化,会出现结粒或结块现象,从而失去活性,导致强度下降,严重的甚至不能再用于工程中。此外,即使水泥不受潮,长期处在大气环境中,其活性也会降低。

2) 水泥的运输和贮存。水泥在运输过程中,要采用防雨、雪措施,在保管中要严防受潮。不同生产厂家、品种、强度等级和出厂日期的水泥应分开贮运,严禁混杂。应先存先用,不可贮存过久。

水泥一般入库存放,贮存水泥的库房必须干燥通风。存放地面应高出室外地面 30cm,距离窗户和墙壁 30cm 以上;袋装水泥堆垛不宜过高,以免下部水泥受压结块,一般 10 袋堆一垛。如存放时间短,库房紧张,也不宜超过 15 袋。露天临时贮存袋装水泥时,应选择地势高、排水条件好的场地,并认真做好上盖下垫,以防止水泥受潮。贮运散装水泥时,应使用散装水泥罐车运输,采用铁皮罐仓或散装水泥库存放。

二、砂

我国在《建筑用砂》(GB/T 14684—2011)、《建筑用卵石、碎石》(GB/T 14685—2011)这两个国家标准以及《普通混凝土用砂、石质量及检验方法标准》(JGJ 52—2006)这个行业标准中,对砂、石提出了明确的技术质量要求,下面作一概括性介绍。

混凝土用骨料按粒径大小分为细骨料和粗骨料。粒径在 $150\mu m$~4.75mm 之间的岩石颗粒,称为细骨料;粒径大于 4.75mm 的颗粒称为粗骨料。骨料在混凝土中起骨架作用和稳定作用,而且其用量所占比例也最大,通常粗、细骨料的总体积要占混凝土总体积的 70%~80%。因此,骨料质量的优劣对混凝土性能影响很大。

为保证混凝土的各项物理性能,骨料技术性能必须满足规定的要求。为获得合理的混凝土内部结构,通常要求所用骨料应具有合理的颗粒级配,其颗粒粗细程度应满足相应的要求;颗粒形状应近似圆形,且应具有较粗糙的表面以利于与水泥浆的黏结。还要求骨料中有害杂质含量较少,骨料的化学性能与物理状态应稳定,且具有足够的力学强度以使混凝土获得坚固耐久的性能。

1. 细骨料的种类及其特性

土木工程中常用的水泥混凝土细骨料主要有天然砂或人工砂。

天然砂是由天然岩石经长期风化、水流搬运和分选等自然条件作用而形成的岩石颗粒,但不包括软质岩、风化岩石的颗粒。按其产源不同可分为河砂、湖砂、海砂及山砂。对于河砂、湖砂和海砂,由于长期受水流的冲刷作用,颗粒多呈圆形,表面光滑、洁净,拌制混凝土和易性较好,能减少水泥用量;产源较广;但与水泥的胶结力较差。而海砂中常含有碎贝壳及可溶盐等有害杂质而不利于混凝土结构。山砂是岩体风化后在山涧堆积下来的岩石碎屑,其颗粒多具棱角,表面粗糙,砂中含泥量及有机杂质等有害杂质较多。与水泥胶结力强,但拌制混凝土的和易性较差。水泥用量较多,砂中含杂质也较多。在天然砂中河砂的综合性质最好,是工程中用量最多的细骨料。

根据制作方式的不同,人工砂可分为机制砂和混合砂两种。机制砂是将天然岩石用机械轧碎、筛分后制成的颗粒,其颗粒富有棱角,比较洁净,但砂中片状颗粒及细粉含量较多,且成本较高。混合砂是由机制砂和天然砂混合而成,其技术性能应满足人工砂的要求。当仅靠天然砂不能满足用量需求时,可采用混合砂。

质量状态不同的砂子适合于配制性能要求不同的水泥混凝土。依据现行国家标准 GB/T 14684—2011 的规定,根据混凝土用砂的质量状态不同可分为Ⅰ类、Ⅱ类、Ⅲ类三种类别的砂。其中,Ⅰ类砂适合配制各种混凝土,包括强度为60MPa 以上的高强度混凝土;Ⅱ类砂适合配制强度在60MPa 以下的混凝土以及有抗冻、抗渗或其他耐久性要求的混凝土;Ⅲ类砂通常只适合配制强度低于 30MPa 的混凝土或建筑砂浆。

2. 砂的质量要求

(1)含泥量、石粉含量和泥块含量。砂中含泥量通常是指天然砂中粒径小于 $75\mu m$ 的颗粒含量;石粉含量是指人工砂中粒径小于 $75\mu m$ 的颗粒含量;泥块含量是指砂中所含粒径大于 1.18mm,经水浸洗、手捏后粒径小于 $600\mu m$ 的颗粒含量。

天然砂中的泥土颗粒极细,它们通常包覆于砂粒表面,从而在混凝土中妨碍了水泥浆与砂子的黏结。有的泥土还会降低混凝土的使用操作性能、强度及耐久性,并增大混凝土的干缩。因此,砂中的泥土对于混凝土不利,应严格控制其含量。通常,在配制高强度混凝土时,需将砂子冲洗干净。当砂中夹有黏土块时,会形成混凝土中的薄弱部分,这对混凝土质量影响更大,更应严格控制其含量。

在生产人工砂的过程中会产生一定量的石粉,并混入砂中。石粉的粒径虽小于 $75\mu m$,但与天然砂中的泥土成分不同,粒径分布有所不同,它在混凝土中的表现也不同。一般认为人工砂中适量的石粉对混凝土质量是有益的,主要是可以改善新拌混凝土的施工操作性能。因为人工砂颗粒本身尖锐、多棱角,这对混凝土的某些性能不利,而适量的石粉存在,可对此有所改善。此外,由于石粉主要是由 $40\sim75\mu m$ 的微粒组成,它能在细骨料间隙中嵌固填充,从而提高混凝土的密实性。

根据天然砂的含泥量和泥块含量及人工砂的石粉含量和泥块含量,不同类别的混凝土用砂应分别满足不同的要求(见表 1-6～表 1-8)。

表 1-6 含泥量和泥块含量(GB/T 14684—2011)

类 别	I	II	III
含泥量(按质量计)/%	≤1.0	≤3.0	≤5.0
泥块含量(按质量计)/%	0	≤1.0	≤2.0

机制砂 MB 值≤1.4 或快速法试验合格时,石粉含量和泥块含量应符合表 1-7 的规定;机制砂 MB 值>1.4 或快速法试验不合格时,石粉含量和泥块含量应符合表 1-8 的规定。

表 1-7 石粉含量和泥块含量(MB 值≤1.4 或快速法 试验合格)(GB/T 14684—2011)

类 别	I	II	III
MB 值	≤0.5	≤1.0	≤1.4 或合格
石粉含量(按质量计)/%ᵃ	≤10.0		
泥块含量(按质量计)/%	0	≤1.0	≤2.0

a 此指标根据使用地区和用途,经试验验证,可由供需双方协商确定。

表 1-8　石粉含量和泥块含量（*MB* 值＞1.4 或快速法
试验不合格）（GB/T 14684—2011）

类　　别	I	II	III
石粉含量（按质量计）/%	≤1.0	≤3.0	≤5.0
泥块含量（按质量计）/%	0	≤1.0	≤2.0

（2）有害物质含量。砂中的有害物质是指各种可能降低
混凝土性能与质量的物质。通常，对不同类别的砂，应限制
其中云母、轻物质、硫化物与硫酸盐、氯盐和有机物等有害物
质的含量（见表 1-9），且砂中不得混有草根、树叶、树枝、塑
料、煤块、煤渣等杂物。

表 1-9　　有害物质限量（GB/T 14684—2011）

类　　别	I	II	III
云母（按质量计）/%	≤1.0	≤2.0	
轻物质（按质量计）/%	≤1.0		
有机物	合格		
硫化物及硫酸盐（按 SO₃ 质量计）/%	≤0.5		
氯化物（以氯离子质量计）/%	≤0.01	≤0.02	≤0.06
贝壳（按质量计）/%ª	≤3.0	≤5.0	≤8.0

a 该指标仅适用于海砂，其他砂种不作要求。

砂中云母为表面光滑的小薄片，它与水泥的黏结性很
差，它的存在将会严重影响混凝土的强度及耐久性；硫化物
及硫酸盐对水泥有侵蚀作用；有机物会影响水泥的凝结与硬
化、强度与耐久性；而氯盐对钢筋混凝土中钢筋的锈蚀有显
著的促进作用。当砂中有害物质过多时，应进行清洗与过筛
处理，使其符合要求后方可使用。

对于有抗冻、抗渗要求的混凝土，如果发现砂中含有颗
粒状的硫酸盐或硫化物杂质时，必须进行专门试验，只有确
认其可以满足混凝土耐久性要求后方可采用。另外，当采用
海砂配制钢筋混凝土时，海砂中的氯离子含量不应大于
0.06%（以干砂重的百分率计）；而对于预应力钢筋混凝土，
则不许采用海砂。

（3）碱活性骨料。当水泥或混凝土中含有较多的强碱（Na_2O，K_2O）物质时，可能与含有活性二氧化硅的骨料反应，这种反应称为碱—骨料反应，其结果可能导致混凝土内部产生局部体积膨胀，甚至使混凝土结构产生膨胀性破坏。因此，除了控制水泥的碱含量以外，还应严格控制混凝土中含有活性二氧化硅等物质的活性骨料。工程实际中，若怀疑所用砂有可能含有活性骨料时，应根据混凝土结构的使用条件与要求，按规定方法〔《砂、石碱活性快速试验方法》(CECS 48：93)〕进行骨料的碱活性试验，以确定其是否可以采用。对于重要工程中的混凝土用砂，通常应采用化学法或砂浆长度法对砂子进行碱活性检验。

（4）砂的粗细程度及颗粒级配。砂的粗细程度是指不同粒径的砂粒混合在一起后的平均粗细状态。通常有粗砂、中砂与细砂之分。在相同砂用量的条件下，细砂的总表面积较大，而粗砂的总表面积较小。在混凝土中砂子的表面需要水泥包裹，赋予系统流动性和黏结强度，砂子的总表面积越大，则需要包裹砂粒表面的水泥浆就越多。一般用粗砂拌制的混凝土比用细砂所需的水泥浆省。

砂的颗粒级配，即表示不同大小颗粒和数量比例砂子的组合或搭配情况。在混凝土中砂粒之间的空隙是由水泥浆所填充的，为达到节约水泥和提高混凝土强度及密实性的目的，应使用较好级配的砂。

从图 1-1 可以看出，由于混凝土中砂子颗粒间的空隙需要由水泥浆来填充，若砂的颗粒级配不良时，其中的空隙率较大，则需要更多的水泥浆来填充。当砂的颗粒大小都接近

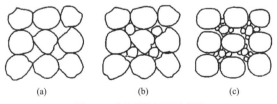

图 1-1　砂的颗粒级配示意图

时,不仅其空隙率大,而且其颗粒堆聚结构也不稳定,很容易产生分崩离析。显然,要获得稳定的颗粒堆聚结构,并需要较少的水泥浆时,砂的颗粒级配应该为多种粒径的颗粒相互合理搭配。较好的颗粒级配是在粗颗粒砂的空隙中由中颗粒砂填充,中颗粒砂的空隙再由细颗粒砂填充,这样逐级的填充,使砂形成最密集的堆积,空隙率达到最小值。

砂的颗粒级配和粗细程度常用筛分析的方法进行测定。用级配区表示砂的颗粒级配,用细度模数 M_x 表示砂的粗细程度。筛分析的方法,是用一套孔径(净尺寸)为 4.75mm、2.36mm、1.18mm、0.60mm、0.30mm 及 0.15mm 的标准筛,将 500g 干砂试样(注:该试样选取时需先用 9.50mm 筛过筛,筛除大于 9.50mm 的颗粒,计算筛余百分率,并保证其数值为 0)由粗到细依次过筛,然后称量余留在各个筛上的砂的质量,并计算出各筛上的分计筛余百分率 α_1、α_2、α_3、α_4、α_5、α_6 (各筛上的筛余量占砂样总质量的百分率)及累计筛余百分率(各个筛和比该筛粗的所有分计筛余量百分率的和)。累计筛余量与分计筛余量的关系见表 1-10。

表 1-10　累计筛余百分率与分计筛余百分率的关系

筛孔尺寸	分计筛余/%	累计筛余/%
4.75mm	α_1	$A_1 = \alpha_1$
2.36mm	α_2	$A_2 = \alpha_1 + \alpha_2$
1.18mm	α_3	$A_3 = \alpha_1 + \alpha_2 + \alpha_3$
600μm	α_4	$A_4 = \alpha_1 + \alpha_2 + \alpha_3 + \alpha_4$
300μm	α_5	$A_5 = \alpha_1 + \alpha_2 + \alpha_3 + \alpha_4 + \alpha_5$
150μm	α_6	$A_6 = \alpha_1 + \alpha_2 + \alpha_3 + \alpha_4 + \alpha_5 + \alpha_6$

根据式(1-1)计算砂的细度模数(M_x):

$$M_x = \frac{(A_2 + A_3 + A_4 + A_5 + A_6) - 5A_1}{100 - A_1} \quad (1-1)$$

细度模数(M_x)愈大,表示砂愈粗,建筑工程用砂的规格按细度模数划分,M_x 在 3.7～3.1 时为粗砂,M_x 在 3.0～2.3 时为中砂,M_x 在 2.2～1.6 时为细砂,M_x 在 1.5～0.7 时为特细砂。

在配合比相同的情况下,若砂子过粗,拌出的混凝土黏聚性差,容易产生分离、泌水现象;若砂子过细,虽然拌制的混凝土黏聚性较好,但流动性显著减小,为了满足流动性要求,需耗用较多的水泥,混凝土强度也较低。因此,混凝土用砂不宜过粗,也不宜过细,以中砂较为适宜。

砂的颗粒级配常用级配区来表示,它是根据筛分析实验的结果所确定的技术指标。对细度模数为 $1.6\sim3.7$ 的普通混凝土用砂,根据 $600\mu m$ 孔径筛筛孔的累计筛余百分率分成 1 区、2 区及 3 区共 3 个级配区。

砂的颗粒级配应符合表 1-11 的规定;砂的级配类别应符合表 1-12 的规定。对于砂浆用砂,4.75mm 筛孔的累计筛余量应为 0。砂的实际颗粒级配除 4.75mm 和 $600\mu m$ 筛档外,可以略有超出,但各级累计筛余超出值总和应不大于 5%。

表 1-11　　　　　　　　颗 粒 级 配

砂的分类	天然砂			机制砂		
级配区	1 区	2 区	3 区	1 区	2 区	3 区
方筛孔	累计筛余					
4.75mm	10%~0	10%~0	10%~0	10%~0	10%~0	10%~0
2.36mm	35%~5%	25%~0	15%~0	35%~5%	25%~0	15%~0
1.18mm	65%~35%	50%~10%	25%~0	65%~35%	50%~10%	25%~0
600μm	85%~71%	70%~41%	40%~16%	85%~71%	70%~41%	40%~16%
300μm	95%~80%	92%~70%	85%~55%	95%~80%	92%~70%	85%~55%
150μm	100%~90%	100%~90%	100%~90%	97%~85%	94%~80%	94%~75%

表 1-12　　　　　　　　级 配 类 别

类别	I	II	III
级配区	2 区	1、2、3 区	

因此,配制混凝土时宜优先选用 2 区砂。当采用 1 区砂时,应适当提高砂率,并保证足够的水泥用量以填满骨料间的空隙,满足混凝土的工作性能;当采用 3 区砂时,宜适当降

低砂率以控制需要水泥浆包覆的细骨料总表面积，以保证混凝土的强度。可见，混凝土采用 1 区砂或 3 区砂都可能要比采用 2 区砂需要更多的水泥浆，而水泥浆的增多不仅会提高混凝土成本，而且还会影响其物理力学性能。

天然砂一般都具有较好的级配，故只要其细度模数适当，均可用于拌制一般强度等级的混凝土。若砂子用量很大，选用时应贯彻就地取材的原则。若有些地区的砂料过粗、过细或级配不良时，在可能的情况下，应将粗细两种砂掺配使用，以调节砂的细度，改善砂的级配。在只有细砂或特细砂的地方，可以考虑采用人工砂，或者采取一些措施以降低水泥用量，如掺入一些细石屑或掺用减水剂、引气剂等，也可获得粗细程度和颗粒级配良好的合格砂。

（5）砂的物理性质。

1）砂的表观密度、堆积密度及空隙率。砂的表观密度大小，反映砂粒的密实程度。混凝土用砂的表观密度，一般要求大于 $2500 kg/m^3$。砂的堆积密度与空隙有关。混凝土用砂的松散堆积密度，一般要求不小于 $1350 kg/m^3$，在自然状态下干砂的堆积密度为 $1400 \sim 1600 kg/m^3$，振实后的堆积密度可达 $1600 \sim 1700 kg/m^3$。

砂子空隙率的大小，与颗粒形状及颗粒级配有关。混凝土用砂的空隙率一般要求小于 47%。带有棱角的砂，特别是针片状颗粒较多的砂，其空隙率较大；球形颗粒的砂，其空隙率较小。级配良好的砂，空隙率较小。一般天然河砂的空隙率为 40% ～ 45%；级配良好的河砂，其空隙率可小于 40%。

2）砂的含水率状态。砂的含水状态如图 1-2 所示。砂子含水量的大小，可用含水率表示。

饱和面干砂既不从混凝土拌和物中吸取水分，也不往拌和物中带入水分。我国水工混凝土工程多按饱和面干状态的砂、石来设计混凝土的配合比。在工业及民用建筑工程中，习惯按干燥状态的砂（含水率小于 0.5%）及石子（含水率小于 0.2%）来设计混凝土配合比。

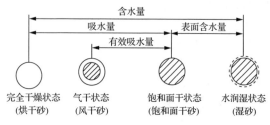

图 1-2　砂的含水状态

3) 砂的坚固性。天然砂的坚固性用硫酸钠溶液法检验，人工砂的坚固性用压碎指标法检验，应符合表 1-13 规定。

表 1-13　　　　　　　　砂的坚固性指标

项　目	指标		
	Ⅰ类	Ⅱ类	Ⅲ类
（天然砂）5 次循环后质量损失　＜	8%	8%	10%
（人工砂）单级最大压碎指标　＜	20%	25%	30%

三、水

拌和砂浆用水与混凝土拌和水的要求相同，应选用无有害杂质的洁净水拌制砂浆。

拌和用水和施工用水标准见表 1-14。

表 1-14　　　　　　　拌和与施工用水的指标要求

项目	预应力混凝土	钢筋混凝土	素混凝土
pH 值	≥5.0	≥4.5	≥4.5
不溶物/(mg/L)	≤2000	≤2000	≤5000
可溶物/(mg/L)	≤2000	≤5000	≤10000
Cl^-/(mg/L)	≤500	≤1000	≤3500
SO_4^{2-}/(mg/L)	≤600	≤2000	≤2700
碱含量/(mg/L)	≤1500	≤1500	≤1500

注：碱含量按 $Na_2O+0.658K_2O$ 计算值来表示。采用非碱活性骨料时，可不检验碱含量。

四、石灰

石灰是一种以氧化钙为主要成分的气硬性无机胶凝材料。石灰是用石灰石、白云石、白垩、贝壳等碳酸钙含量高的产物，经 900～1100℃煅烧而成。石灰是人类最早应用的胶凝材料。

1. 质量要求

石灰中产生胶结性的成分是有效氧化钙和氧化镁，其含量是评价石灰质量的主要指标。石灰中的有效氧化钙和氧化镁的含量可以直接测定，也可以通过氧化钙与氧化镁的总量和二氧化碳的含量反映，生石灰还有未消化残渣含量的要求；生石灰粉有细度的要求；消石灰则还有体积安定性、细度和游离水含量的要求。

2. 熟化与硬化

生石灰(CaO)与水反应生成氢氧化钙的过程，称为石灰的熟化或消化。反应生成的产物氢氧化钙称为熟石灰或消石灰。

石灰熟化时放出大量的热，体积增大 1.5～2 倍。煅烧良好、氧化钙含量高的石灰熟化较快，放热量和体积增大也较多。工地上熟化石灰常用两种方法：消石灰浆法和消石灰粉法。

根据加水量的不同，石灰可熟化成消石灰粉或石灰膏。石灰熟化的理论需水量为石灰重量的 32%。在生石灰中，均匀加入 60%～80%的水，可得到颗粒细小、分散均匀的消石灰粉。若用过量的水熟化，将得到具有一定稠度的石灰膏。石灰中一般都含有过火石灰，过火石灰熟化慢，若在石灰浆体硬化后再发生熟化，会因熟化产生的膨胀而引起隆起和开裂。为了消除过火石灰的这种危害，石灰在熟化后，还应"陈伏"2 周左右。

生石灰熟化后形成的石灰浆中，石灰粒子形成氢氧化钙胶体结构，颗粒极细（粒径约为 1μm），比表面积很大达 10～30m^2/g，其表面吸附一层较厚的水膜，可吸附大量的水，因而有较强保持水分的能力，即保水性好。将它掺入水泥砂浆中,配成混合砂浆,可显著提高砂浆的和易性。

石灰在硬化过程中,要蒸发掉大量的水分,引起体积显著收缩,易出现干缩裂缝。所以,石灰不宜单独使用,一般要掺入砂、纸筋、麻刀等材料,以减少收缩,增加抗拉强度,并能节约石灰。

3. 存放

(1) 存放在干燥库房中,防潮,避免与酸类物接触。

(2) 运输过程中避免受潮,小心轻放,以防止包装破损而影响产品质量。

(3) 禁止食用,万一入口,用水漱口立即求医。(切记不能饮水,生石灰是碱性氧化物遇水会腐蚀)

4. 储运

储存于阴凉、通风的库房。包装必须完整密封,防止吸潮。应与易(可)燃物、酸类等分开存放,切忌混储。储区应备有合适的材料收容泄漏物。

五、块材

1. 石材

天然石材具有较高的坚硬度、抗压强度、良好的耐久性和耐磨性,在砌筑工程中因地制宜,就地取材,用途较广,适于砌筑基础、墙身、桥涵、拱桥、水坝、堤坡、挡土墙、隧道、路面及闸坝工程等。对砌石工艺要求较高的工程,由专业石工操作;一般砌石工程,常由瓦工进行施工。石材应选用强度高、耐风化、吸水率小、表观密度大、组织密实、无明显层次、具有较好抗腐蚀性的石材。

(1) 石材的分类。

1) 毛石。砌筑用毛石,由人工爆破开采出来的不规则的石块,一般尺寸在一个方向有 300～400mm,中部厚度不应小于 200mm,每块重 20～30kg。毛石又有乱毛石和平毛石之分,乱毛石是指形状不规则的石块,平毛石是指形状不规则,但有两个平面大致平行的石块。毛石主要用于基础、挡土墙、输水渠道等工程。

2) 料石。砌筑用料石,按其加工面的平整程度可分为细料石、半细料石、粗料石和毛料石四种。料石外形规则，截面的宽度、高度不小于 200 mm，长度不宜大于厚度的 4 倍。料石根据加工程度分别用于建筑物的外部装饰、勒脚、台阶、砌体、石拱等。

①毛料石。外形大致方正，一般不加工或稍加修整，高度不小于 200mm，长度为高度的 1.5～3 倍。叠砌面凹凸深度不大于 25mm。

②粗料石。外露面及相接周边的表面凹入深度不大于 20mm，高度和厚度都不小于 200mm，且不小于长度的 1/4，叠砌面凹凸深度不大于 20mm。

③半细料石。外露面及相接周边的表面凹入深度不大于 10mm，高度和厚度都不小于 200mm，叠砌面凹凸深度不大于 15mm。

④细料石。外露面及相接周边的表面凹入深度不大于 2mm，高度和厚度都不小于 200mm，叠砌面凹凸深度不大于 10mm。

(2) 石材的技术性质。

1) 表观密度。分为轻质石材和重质石材，分界点 1800kg/m³。

2) 吸水性。波动很大，岩石吸水后强度降低，抗冻性、耐久性下降，分为低、中、高三类吸水性的岩石。

3) 耐水性。含有黏土或易溶于水的物质耐水性低，分为低、中、高三类耐水性的岩石。软化系数小于 0.8 的石材不允许用于重要结构。

4) 抗冻性。是衡量石材耐久性的重要指标，在规定的冻融循环次数(15、20 或 50)时，无贯穿裂缝，重量损失不超过 5%，强度减少不大于 25%时，则抗冻性合格。

5) 耐热性。造岩矿物高温分解变质，各种矿物热膨胀系数不同，产生崩裂。

6) 强度。采用边长为 70mm 的立方体试块测试，饰面石材可采用 50mm 的试块测试。强度等级有 MU100、MU80、MU60、MU40、MU30、MU20、MU15 和 MU10。

7）硬度。取决于矿物成分和构造。

8）耐磨性。石材的强度越高,耐磨性能越好。分为耐磨损性和耐磨耗性。

9）抗风化性。由化学水、冰等因素造成岩石开裂或剥落的过程称为风化。

2. 烧结普通砖

（1）规格。砖的外形为直角六面体,其公称尺寸为:长240mm、宽115mm、高53mm,一般配砖尺寸为240mm×115mm×53mm。尺寸如图1-3所示。

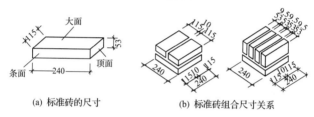

(a) 标准砖的尺寸　　(b) 标准砖组合尺寸关系

图1-3　普通砖的尺寸及其尺寸关系

（2）强度。根据抗压强度分为 MU30、MU25、MU20、MU15、MU10 五个强度等级。强度应符合表1-15的规定。

表 1-15　　　　　　　　强度　　　　（单位：MPa）

强度等级	抗压强度平均值	变异系数 $\delta \leqslant 0.21$ 强度标准值 $f_k \geqslant$	变异系数 $\delta > 0.21$ 单块最小抗压强度值 $f_{min} \geqslant$
MU30	30.0	22.0	25.0
MU25	25.0	18.0	22.0
MU20	20.0	14.0	16.0
MU15	15.0	10.0	12.0
MU10	10.0	6.5	7.5

（3）质量要求。

1）烧结普通砖按主要原料分为黏土砖(N)、页岩砖(Y)、煤矸石砖(M)、粉煤灰砖(F)。烧结普通砖强度和抗风化性能合格的砖,根据尺寸偏差、外观质量、泛霜和石灰爆裂分为优等品(A)、一等品(B)、合格品(C)三个质量等级。外观尺寸允许偏差见表 1-16；外观质量允许偏差见表 1-17。

表 1-16　　　烧结普通砖尺寸允许偏差　　　（单位：mm）

公称尺寸	优等品		一等品		合格品	
	样本平均偏差	样本极差≤	样本平均偏差	样本极差≤	样本平均偏差	样本极差≤
240	±2.0	6	±2.5	7	±3.0	8
115	±1.5	5	±2.0	6	±2.5	7
53	±1.5	4	±1.6	5	±2.0	6

表 1-17　　　普通烧结砖外观质量允许偏差　　　（单位：mm）

项目		优等品	一等品	合格
两条面高度差 ≤		2	3	4
弯曲 ≤		2	3	4
杂质凸出高度 ≤		2	3	4
缺棱掉角的三个破坏尺寸不得同时大于		5	20	30
裂纹长度 ≤	1. 大面上宽度方向及其延伸至条面的长度	30	60	80
	2. 大面上长度方向及其延伸至顶面的长度或条顶面上水平裂纹的长度	50	80	100
完整面ᵃ 不得少于		二条面和二顶面	一条面和一顶面	—
颜色		基本一致	—	—

注：为装饰面施加的色差，凹凸纹、拉毛、压花等不算缺陷。

　　a. 凡有下列缺陷之一者，不得称为完整面：

　　a) 缺损在条面或顶面上造成的破坏面尺寸同时大于 10mm×10mm。

　　b) 条面或顶面上裂纹宽度大于 1mm，其长度超过 30mm。

　　c) 压陷、粘底、焦花在条面或顶面上的凹陷或凸出超过 2mm，区域尺寸同时大于 10mm×10mm。

　　2) 泛霜。优等品：无泛霜；一等品：不允许出现中等泛霜；合格品：不得严重泛霜。烧结普通砖的泛霜要求和石灰爆裂要求见表 1-18。

表 1-18　烧结普通砖的泛霜要求和石灰爆裂要求

项目	优等品	一等品	合格品
泛霜	无泛霜	不允许出现中等泛霜	不得严重泛霜
石灰爆裂	不允许出现最大尺寸大于 2mm 的爆裂区域	最大破坏尺寸大于 2mm 且小于等于 10mm 的爆裂区域，每组砖样不得多于 15 处；不允许出现最大破坏尺寸大于 10mm 的爆裂区域	最大破坏尺寸大于 2mm 且小于等于 15mm 的爆裂区域，每组砖样不得多于 15 处；其中大于 10mm 的不得多于 7 处；不允许出现最大破坏尺寸大于 15mm 的爆裂区域

3) 砖的外形应该平整、方正。外观应无明显的弯曲、缺棱、掉角、裂缝等缺陷，敲击时发出清脆的金属声，色泽均匀一致。

4) 石灰爆裂。优等品：不允许出现最大尺寸大于 2mm 的爆裂区域。一等品：最大破坏尺寸大于 2mm，且小于等于 10mm 的爆裂区域，每组砖样不得多于 15 处；不允许出现最大破坏尺寸大于 10mm 的爆裂区域。合格品：最大破坏尺寸大于 2mm，且小于等于 15mm 的爆裂区域，每组砖样不得多于 15 处，其中大于 10mm 的不得多于 7 处；不允许出现最大破坏尺寸大于 15mm 的爆裂区域。

3. 烧结多孔砖

(1) 规格。烧结多孔砖是指以黏土、页岩、煤矸石、粉煤灰为主要原料，经焙烧而成的多孔砖（见图 1-4）。孔洞率不小于 25%、孔的尺寸小而数量多、主要用于承重部位的砖简称多孔砖。烧结多孔砖按主要原料分为黏土多孔砖、页岩多孔砖、煤矸石多孔砖和粉煤灰多孔砖。

(2) 强度。根据抗压强度分为 MU30、MU25、MU20、MU15、MU10 五个强度等级。

(3) 质量要求。

1) 砖的外形为直角六面体，其长度、宽度、高度尺寸应符合下列模数要求：290mm、240mm、190mm、180mm、175mm、140mm、115mm、90mm。

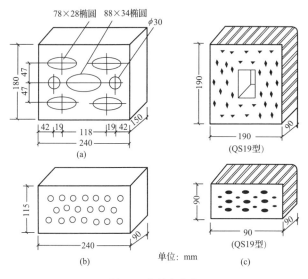

图 1-4　烧结多孔砖

2) 砖孔形状有矩形长条孔、圆孔等多种。孔洞要求:圆
孔孔径≤22mm 或非圆孔内切圆直径≤15mm、孔数多、孔洞
方向平行于承压方向。

3) 强度和抗风化性能合格的砖,根据尺寸偏差、外观质
量、孔形及孔洞排列、泛霜和石灰爆裂分为优等品(A)、一等
品(B)、合格品(C)三个质量等级,烧结多孔砖尺寸允许偏差
见表 1-19;外观质量允许偏差见表 1-20。

表 1-19　　　　烧结多孔砖尺寸允许偏差　　　　(单位:mm)

尺寸	样本平均偏差	样本极差　≤
>400	±3.0	10.0
300～400	±2.5	9.0
200～300	±2.5	8.0
100～200	±2.0	7.0
<100	±1.5	6.0

表 1-20　　　　　　烧结多孔砖外观质量允许偏差　　　（单位：mm）

项目		指标
1. 完整面	不得少于	一条面和一顶面
2. 缺棱掉角的三个破坏尺寸	不得同时大于	30
3. 裂纹长度		
a）大面（有孔面）上深入孔壁 15mm 以上宽度 方向及其延伸到条面的长度　　　　不大于		80
b）大面（有孔面）上深入孔壁 15mm 以上长度 方向及其延伸到顶面的长度　　　　不大于		100
c）条顶面上的水平裂纹　　　　　　不大于		100
4. 杂质在砖或砌块面上造成的凸出高度　　不大于		5

注：凡有下列缺陷之一者，不能称为完整面：

　　a）缺损在条面或顶面上造成的破坏面尺寸同时大于 20mm×30mm；

　　b）条面或顶面上裂纹宽度大于 1mm，其长度超过 70mm；

　　c）压陷、焦花、粘底在条面或顶面上的凹陷或凸出超过 2mm，区域最大投影尺寸同时大于 20mm×30mm。

（4）运输和堆放。多孔砖在运输和堆放过程中，要尽可能地减少碰撞。在装卸时要用专用夹具，不允许人为地用手将砖抛入运输车厢内，不允许直接倾倒或抛掷，造成产品外观损坏。多孔砖或空心砖进入施工工地后应分类整齐堆放，堆放高度不宜超过 20 皮砖。产品应放在地势较平坦且能承受产品自身的荷载。

4. 硅酸盐类砖

硅酸盐砖是指以硅质材料和石灰为主要原料，必要时加入集料和适量石膏，压制成形，经温热处理而制成的建筑用砖。硅酸盐砖有实心砖、多孔砖或空心砖。经常压蒸汽养护硬化而制成的砖称为蒸养砖。经高压蒸汽养护硬化而制成的砖称为蒸压砖。根据所用的硅质材料的不同，有蒸压灰砂砖、蒸压灰砂空心砖、粉煤灰砖、蒸压煤渣砖、矿渣砖、煤渣砖等，其规格与黏土砖相同。最常见的是蒸压灰砂砖、蒸压灰砂空心砖、粉煤灰砖、煤渣砖。

（1）蒸压灰砂砖。

1）蒸压灰砂砖的主要材料是砂（约占 90%）和石灰（接

近10％），以及一些配色原料，经过坯料制备、压制成型、蒸压养护三个阶段制成，砖体有实心和空心两种。测试结果证明，蒸压灰砂砖既具有良好的耐久性能，又具有较高的墙体强度。外观尺寸允许偏差见表1-21。

表 1-21　　　　蒸压灰砂砖外观尺寸允许偏差

项目			指标		
			优等品	一等品	合格品
尺寸允许偏差/mm	长度	L	±2	±2	±3
	宽度	B	±2		
	高度	H	±1		
缺棱掉角	个数（≤）/个		1	1	2
	最大尺寸（≤）/mm		10	15	20
	最小尺寸（≤）/mm		5	10	10
对应高度差（≤）/mm			1	2	3
裂纹	条数（≤）/条		1	1	2
	大面上宽度方向及其延伸到条面的长度（≤）/mm		20	50	70
	大面上长度方向及其延伸到顶面上的长度或条、顶面水平裂纹的长度（≤）/mm		30	70	100

2）技术要求。

① 耐久性。

a. 抗冻性：是指砖抵抗反复冻融作用的能力。蒸压灰砂砖如果按规定生产达到产品标准要求时，能够经受抗冻性试验，蒸压灰砂砖的抗冻性与其自身强度有关，强度高者抗冻性好。

b. 耐水性：包括干湿循环作用后和长期浸泡水中时其强度的变化，经干湿循环作用或长期在水中蒸压灰砂砖的抗压强度均有所增长。

c. 吸水性：与烧结普通砖相比，其吸水速度与烧结普通砖相近。

d. 自然条件下强度变化:蒸压灰砂砖是在高温、蒸压下进行反应形成的。水化反应比较充分,因此具有稳定的强度和性能。在大气中出釜,前期强度有较多增长,以后不再提高,保持稳定。在潮湿环境和水中长期浸泡,强度亦会增强。

e. 耐高温性:蒸压灰砂砖不能长期受热 200℃ 以上,200℃ 以下,强度基本没有影响。

f. 耐化学腐蚀性:MU15 以上的灰砂砖在酸碱溶液中浸泡强度变化不大。

② 收缩性。蒸压灰砂砖出釜以后由于温度、湿度降低和碳化作用,在使用过程中总的趋势是体积发生收缩。其收缩变化规律是:出釜后的最初 3d 内收缩最大,平均每天收缩值为 0.019mm/m;3~30d 平均每天的收缩值为 0.005mm/m;30d 以后平均每天的收缩值为 0.003mm/m;大约在 60d 后,平均每天的收缩值小于 0.001mm/m,直至稳定。

③ 抗裂措施。

a. 在计算无筋砌体受压构件时,其影响系数 ψ 值,应由高厚比和偏心距决定,蒸压灰砂砖应对构件高厚比乘以调整系数 $\gamma\beta$(1.2)。

b. 合理设置伸缩缝。现行国家标准《砌体结构工程施工规范》(GB 50924—2014)规定对蒸压灰砂砖砌体房屋伸缩缝的最大间距应取烧结普通砖砌体房屋伸缩缝最大间距的 0.8 倍,以减小伸缩缝的间距。

c. 由于块材干缩引起墙体干缩而在砌体内部产生一定的收缩应力,当砌体的抗拉、抗剪强度不足以抵抗收缩应力时就会产生裂缝。因此,在应力集中的部位如门窗过梁上方及窗台下的砌体中应设焊接钢筋网片来抵抗砖收缩产生的应力。另外这类墙体当长度大于 5m 时也容易被拉开,因此也应适当配筋。具体的做法是:在门窗过梁上方的水平灰缝内及窗下第 1 道和第 2 道水平灰缝内设计焊接钢筋网片或 2ϕ6 钢筋,其伸入两边窗间墙内不小于 600mm;当实体墙的长度大于 5m,在每层墙高中部设置 2~3 道焊接钢筋网片或

3ϕ6 的通长水平钢筋,其竖向间距为 500mm。

④ 强度。根据抗压强度分为 MU25、MU20、MU15、MU10 四个强度等级。强度应符合表 1-22 的规定。

表 1-22　　　　　　　蒸压灰砂砖强度等级　　　　　（单位：MPa）

强度等级	抗压强度		抗折强度	
	平均值不小于	单块值不小于	平均值不小于	单块值不小于
MU25	25.0	20.0	5.0	4.0
MU20	20.0	16.0	4.0	3.2
MU15	15.0	12.0	3.3	2.6
MU10	10.0	8.0	2.5	2.0

（2）蒸压灰砂空心砖。蒸压灰砂空心砖是以砂、石灰为主要原材料,掺入适量石膏和骨料,经坯料制备、压制成型、高压蒸汽养护硬化而成的空心砖,其孔洞率一般等于或大于 15%。蒸压灰砂空心砖可用于防潮层以上的建筑部位。但不得用于受热 200℃ 以上,受急冷急热和有酸性介质侵蚀的建筑部位。

空心砖是近年内建筑行业常用的墙体主材,由于质轻、消耗原材少等优势,已经成为国家建筑部门首先推荐的产品。与红砖一样,该空心砖的常见制造原料是黏土和煤渣灰,一般规格是 390mm×190mm×190mm。

蒸压灰砂空心砖和蒸压灰砂实心砖相比,可节省大量的土地用土和烧砖燃料,减轻运输重量,减轻制砖和砌筑时的劳动强度,加快施工进度;减轻建筑物自重,加高建筑层数,降低工程造价。

（3）粉煤灰砖。

1）规格。砖的外形为直角六面体,尺寸 240mm×115mm×53mm。外观尺寸应符合表 1-23 的规定。

2）强度。根据抗压强度分为 MU30、MU25、MU20、MU15、MU10、MU7.5 六个强度等级。强度应符合表 1-24 的规定。

表 1-23　　　　　　　　外观尺寸允许偏差　　　　　　（单位：mm）

序号	项目		优等品	一等品	合格品
1	尺寸允许偏差：				
	长		±2	±3	±4
	宽		±2	±3	±4
	高		±1	±2	±3
2	对应高度差　　不大于		1	2	3
3	每一缺棱掉角的最小破坏尺寸　　不大于		10	15	25
4	完整面不少于		二条面和一顶面或二顶面一条面	一条面和一顶面	一条面和一顶面
5	裂纹长度不大于：				
	（1）大面上宽度方向的裂缝(包括延伸到条面上的长度)；		30	50	70
	（2）其他裂纹		50	70	100
6	层裂			不允许	

表 1-24　　　　　　　　粉煤灰砖强度等级　　　　　　（单位：MPa）

强度级别	抗压强度		抗折强度	
	10 块平均值不小于	单块值不小于	10 块平均值不小于	单块值不小于
MU30	30.0	24.0	6.2	5.0
MU25	25.0	20.0	5.0	4.0
MU20	20.0	15.0	4.0	3.0
MU15	15.0	11.0	3.2	2.4
MU10	10.0	7.5	2.5	1.9
MU7.5	7.5	5.6	2.0	1.5

5. 各类砌块

（1）混凝土小型空心砌块。普通混凝土小型空心砌块以水泥、砂、碎石或卵石、水等预制而成。

普通混凝土小型空心砌块主规格尺寸为 390mm×190mm×190mm，有两个方形孔，最小外壁厚应不小于30mm，最小肋厚应不小于 25mm，空心率应不小于 25%～50%，如图 1-5 所示。

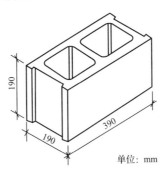

单位：mm

图 1-5　混凝土空心砌块

普通混凝土小型空心砌块按其强度，分为 MU5、MU7.5、MU10、MU15、MU20 五个强度等级。

普通混凝土小型空心砌块按其尺寸允许偏差、外观质量，分为优等品、一等品、合格品。

普通混凝土小型空心砌块的尺寸允许偏差和外观质量应符合表 1-25 和表 1-26 的规定。

表 1-25　普通混凝土小型空心砌块的尺寸允许偏差

（单位：mm）

项目	优等品	一等品	合格品
长度	±2	±3	±3
宽度	±2	±3	±3
高度	±2	±3	+3，-4

表 1-26　　　　普通混凝土小型空心砌块的外观质量

项目		优等品	一等品	合格品
弯曲/mm　　　　　　　　≥		2	2	3
掉角缺棱	个数不大于	0	2	2
	三个方向投影尺寸的最小值/mm　　　　　　≥	0	20	30
裂纹延伸的投影尺寸累计/mm≥		0	20	30

（2）轻骨料混凝土小型空心砌块。轻骨料混凝土小型空心砌块以水泥、轻骨料、砂、水等为原料预制而成。砌块主规格尺寸为 390mm×190mm×190mm。按其孔的排数有单排孔、双排孔、三排孔和四排孔四类，如图 1-6 所示。

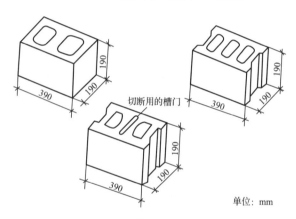

单位：mm

图 1-6　轻骨料混凝土小型空心砌块

轻骨料混凝土小型空心砌块按其密度，分为 700、800、900、1000、1100、1200、1300 和 1400 八个密度等级。空心砌块按尺寸偏差、外观质量，分为优等品、一等品和合格品。砌块的尺寸允许偏差和外观质量应符合表 1-27 的规定。

表 1-27　轻骨料混凝土小型空心砌块的尺寸允许偏差和外观质量

项目			指标
尺寸偏差/mm	长度		±3
	宽度		±3
	高度		±3
最小外壁厚/mm	用于承重墙体	≥	30
	用于非承重墙体	≥	20
肋厚/mm	用于承重墙体	≥	25
	用于非承重墙体	≥	20
缺棱掉角	个数/块	≤	2
	三个方向投影的最大值/mm	≤	20
裂缝延伸的累计尺寸/mm		≤	30

（3）粉煤灰小型空心砌块。粉煤灰小型空心砌块是以粉煤灰、水泥及各种骨料加水拌和制成的砌块。其中粉煤灰用量不应低于原材料重量的10%，生产过程中也可加入适量的外加剂调节砌块的性能。

1）性能。粉煤灰小型空心砌块具有轻质高强、保温隔热、抗震性能好的特点，可用于框架结构的填充墙等结构部位。

粉煤灰小型空心砌块按抗压强度，分为 MU3.5、MU5.0、MU7.5、MU10、MU15 和 MU20 六个强度等级。粉煤灰小型空心砌块的强度等级要求见表 1-28。

表 1-28　粉煤灰小型空心砌块的强度等级要求　（单位：MPa）

强度等级	砌块抗压强度	
	平均值不小于	单块最小值不小于
MU3.5	3.5	2.8
MU5	5.0	4.0
MU7.5	7.5	6.0
MU10	10.0	8.0
MU15	15.0	12.0
MU20	20.0	16.0

2）质量要求。粉煤灰小型空心砌块按孔的排数，分为单排孔、双排孔、三排孔和四排孔四种类型。其主规格尺寸为390mm×190mm×190mm，其他规格尺寸可由供需双方协商确定。根据尺寸允许偏差、外观质量、碳化系数、强度等级，分为优等品、一等品和合格品三个等级。

粉煤灰小型空心砌块的尺寸允许偏差和外观质量应分别符合表1-29的要求。

表1-29　粉煤灰小型空心砌块的尺寸允许偏差和外观质量

项目			指标
尺寸允许偏差/mm	长度		±2
	宽度		±2
	高度		±2
最小外壁厚/mm	用于承重墙体	≥	30
	用于非承重墙体	≥	20
肋厚/mm	用于承重墙体	≥	25
	用于非承重墙体	≥	15
缺棱掉角个数/个		≤	2
3个方向投影的最大值/mm		≤	20
裂缝延伸投影的累计尺寸/mm		≤	20
弯曲/mm		≤	2

（4）粉煤灰实心砌块。粉煤灰实心砌块是以粉煤灰、石灰、石膏和骨料等为原料，加水搅拌、振动成型、蒸汽养护而制成的。粉煤灰实心砌块的主要规格尺寸为880mm×380mm×240mm、880mm×430mm×240mm。砌块端面留灌浆槽，如图1-7所示。粉煤灰砌块按其抗压强度分为MU10、MU13两个强度等级。

粉煤灰砌块按其外观质量、尺寸偏差和干缩性能分为一等品和合格品两个等级。各级别的外观质量、尺寸允许偏差应符合表1-30的规定。

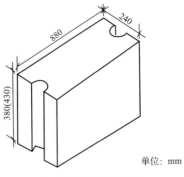

单位: mm

图 1-7　粉煤灰实心砌块

表 1-30　　粉煤灰砌块的外观质量、尺寸允许偏差

项目		指标	
		一等品	合格品
外观质量	表面疏松	不允许	
	贯穿面棱的裂缝	不允许	
	任一面上的裂缝长度不得大于裂缝方向砌块尺寸的	1/3	
	石灰团、石膏团	直径大于 5mm 的不允许	
	粉煤灰团、空洞和爆裂	直径大于 30mm 的不允许	直径大于 50mm 的不允许
	局部突起高度/mm　≥	10	15
	翘曲高度/mm　≥	6	8
	缺棱掉角在长、宽、高三个方向上的投影最大值/mm　≥	30	50
高度差	长度方向/mm	6	8
	宽度方向/mm	4	6
尺寸允许偏差	长度/mm	+4，-6	+5，-10
	宽度/mm	+4，-6	+5，-10
	高度/mm	±3	±6

第二节 砌 筑 砂 浆

砌筑砂浆是将砖、石、砌块等块材经砌筑成为砌体的砂浆称为砌筑砂浆。它起黏结、衬垫和传力作用,是砌体的重要组成部分。水泥砂浆宜用于砌筑潮湿环境以及强度要求较高的砌体;水泥石灰砂浆宜用于砌筑干燥环境中的砌体;砖柱、砖拱、钢筋砖过梁等一般采用强度等级为 M5～M10 的水泥砂浆;砖基础一般采用不低于 M5 的水泥砂浆。

一、现场拌制砂浆

1. 砌筑砂浆的分类

砂浆按组成材料不同可分为水泥砂浆、混合砂浆和非水泥砂浆三类。

(1) 水泥砂浆。水泥砂浆是由水泥、细骨料和水配制的砂浆。水泥砂浆具有较高的强度和耐久性,但保水性差,多用于高强度和潮湿环境的砌体中。

(2) 混合砂浆。混合砂浆是由水泥、细骨料、掺加料(石灰膏、粉煤灰、黏土等)和水配制的砂浆,如水泥石灰砂浆、水泥黏土砂浆等。水泥混合砂浆具有一定的强度和耐久性,且和易性和保水性好,多用于一般墙体中。

2. 砌筑砂浆的材料要求

(1) 水泥。砌筑砂浆所用水泥进场使用前,应分批对其强度、安定性进行复验。砌筑砂浆使用的水泥品种及标号,应根据砌体部位和所处环境来选择。水泥进场使用前,应分批对其强度、安定性进行复验。检验批应以同一生产厂家、同一编号为一批。当在使用中对水泥质量有怀疑或水泥出厂日期超过 3 个月(快硬硅酸盐水泥超过 1 个月)时,应复查试验,并按其结果使用。不同品种水泥不得混合使用。

一般根据砂浆用途、所处环境条件选择水泥的品种。砌筑砂浆宜采用砌筑水泥、普通水泥、矿渣水泥、火山灰水泥和粉煤灰水泥。对用于混凝土小型空心砌块的砌筑砂浆,一般宜采用普通水泥或矿渣水泥。

砌筑砂浆所用水泥的强度等级,应根据设计要求进行选择。水泥砂浆不宜采用强度等级大于 32.5 级的水泥;水泥混合砂浆不宜采用强度等级大于 42.5 级的水泥。如果水泥强度等级过高,则应加入掺加料,以改善水泥砂浆的和易性。

(2) 砂。砂浆用砂不得含有害杂物。砌筑砂浆用砂宜选用中砂,其中毛石砌体宜选用粗砂。

砂浆用砂的含泥量应满足下列要求:

对水泥砂浆和强度等级不小于 M5 的水泥混合砂浆,不应超过 5%;对强度等级小于 M5 的水泥混合砂浆,不应超过 10%;人工砂、山砂及特细砂,应经试配能满足砌筑砂浆技术条件要求。

(3) 掺加料与外加剂。为改善砂浆的和易性,减少水泥用量,砂浆中可加入无机材料(如石灰膏、黏土膏等)或外加剂。所用的石灰膏应充分熟化,熟化时间不得少于 7d;磨细生石灰粉的熟化时间不得少于 2d。沉淀池中贮存的石灰膏,应采取措施防止干燥、冻结和污染。严禁使用脱水硬化的石灰膏。所用的石灰膏的稠度应控制在 120mm 左右。为节省水泥、石灰用量,还可在砂浆中掺入粉煤灰来改善砂浆的和易性。

砌筑砂浆中掺入砂浆外加剂是发展方向。外加剂包括微沫剂、减水剂、早强剂、促凝剂、缓凝剂、防冻剂等,外加剂的掺量应严格按照使用说明书掺放。

配制水泥石灰砂浆时,不得采用脱水硬化的石灰膏。消石灰粉不得直接用于砌筑砂浆中。砌筑砂浆应通过试配确定配合比。当砌筑砂浆的组成材料有变更时,其配合比应重新确定。施工中当采用水泥砂浆代替水泥混合砂浆时,应重新确定砂浆强度等级。凡在砂浆中掺入有机塑化剂、早强剂、缓凝剂、防冻剂等,应经检验和试配符合要求后,方可使用。有机塑化剂应有砌体强度的形式检验报告。

(4) 水。拌和砂浆用水与混凝土拌水的要求相同,应选用无有害杂质的洁净水拌制砂浆。

3. 砌筑砂浆的性质

砌筑砂浆应具有良好的和易性、足够的抗压强度、黏结强度和耐久性。

（1）和易性。和易性良好的砂浆便于操作，能在砖、石表面上铺成均匀的薄层，并能很好地与底层黏结。和易性良好的砂浆，既便于施工操作，提高劳动生产率，又能保证工程质量。砂浆和易性包括流动性和保水性两个方面。

1）流动性。砂浆的流动性也叫作稠度，是指在自重或外力作用下流动的性能，用"沉入度"表示。沉入度大，砂浆流动性大，但流动性过大，硬化后强度将会降低；若流动性过小，则不便于施工操作。

砂浆流动性的大小与砌体材料种类、施工条件及气候条件等因素有关。对于多孔吸水的砌体材料和干热的天气，则要求砂浆的流动性大些；相反，对于密实不吸水的材料和湿冷的天气，则要求流动性小些。用于砌体的砂浆的稠度应按表 1-31 选用。

表 1-31 砌筑砂浆的稠度

项次	砌体种类	砂浆稠度/mm
1	烧结普通砖砌体	70～90
2	轻骨料混凝土小型砌块砌体	60～90
3	烧结多孔砖、空心砖砌体	60～80
4	烧结普通砖平拱式过梁 空斗墙、筒拱 普通混凝土小型空心砌块砌体 加气混凝土砌块砌体	50～70
5	石砌体	30～50

2）保水性。新拌砂浆能够保持水分的能力称为保水性，用"分层度"表示；砂浆的分层度在 10～20mm 之间为宜，不得大于 30mm。分层度大于 30mm 的砂浆，容易产生离析，不便于施工；分层度接近于零的砂浆，容易发生干缩裂缝。

（2）砂浆的强度。砂浆在砌体中主要起传递荷载的作用，并经受周围环境介质的作用，因此砂浆应具有一定的抗压强度。

砂浆的强度等级是以边长为 70.7mm 的立方体试块,在标准养护条件下[水泥混合砂浆为温度(20±3)℃,相对湿度 60%~80%;水泥砂浆为温度(20±3)℃,相对湿度 90% 以上],用标准试验方法测得 28d 龄期的抗压强度来确定的。

(3) 砂浆的黏结强度。砌筑砂浆必须有足够的黏结强度,以便将砖、石、砌块黏结成坚固的砌体。根据试验结果,凡保水性能优良的砂浆,黏结强度一般较好。砂浆强度等级愈高,其黏结强度也愈大。砂浆黏结强度与砖石表面清洁度、润湿情况及养护条件有关。砌砖前砖要浇水湿润,其含水率控制在 10%~15% 为宜。

(4) 砂浆的耐久性。对有耐久性要求的砌筑砂浆,经数次冻融循环后,其质量损失率不得大于 5%,抗压强度损失率不得大于 25%。

试验证明:砂浆的黏结强度、耐久性均随抗压强度的增大而提高,即它们之间有一定的相关性,而且抗压强度的试验方法较为成熟,测试较为简单且准确,所以工程上常以抗压强度作为砂浆的主要技术指标。

4. 砂浆的配合比计算

(1) 水泥混合砂浆配合比设计步骤。现场配制水泥混合砂浆的试配应符合下列规定:

1) 配合比应按下列步骤进行计算:

① 计算砂浆试配强度($f_{m,0}$);

② 计算每立方米砂浆中的水泥用量(Q_C);

③ 计算每立方米砂浆中石灰膏用量(Q_D);

④ 确定每立方米砂浆中的砂用量(Q_S);

⑤ 按砂浆稠度选每立方米砂浆用水量(Q_W)。

2) 砂浆的试配强度应按下式计算:

$$f_{m,0} = kf_2 \qquad (1\text{-}2)$$

式中:$f_{m,0}$——砂浆的试配强度,MPa,应精确至 0.1MPa;

f_2——砂浆强度等级值,MPa,应精确至 0.1MPa;

k——系数,按表 1-32 取值。

表 1-32 砂浆强度标准差 σ 及 k 值

强度等级\施工水平	强度标准差 σ/MPa							k
	M5	M7.5	M10	M15	M20	M25	M30	
优良	1.00	1.50	2.00	3.00	4.00	5.00	6.00	1.15
一般	1.25	1.88	2.50	3.75	5.00	6.25	7.50	1.20
较差	1.50	2.25	3.00	4.50	6.00	7.50	9.00	1.25

3）砂浆强度标准差的确定应符合下列规定：

① 当有统计资料时，砂浆强度标准差应按下式计算：

$$\sigma = \sqrt{\frac{\sum_{i=1}^{n} f_{m,i}^2 - n\mu_{fm}^2}{n-1}} \tag{1-3}$$

式中：$f_{m,i}$——统计周期内同一品种砂浆第 i 组试件的强度，MPa；

μ_{fm}——统计周期内同一品种砂浆 n 组试件的平均值，MPa；

n——统计周期内同一品种砂浆的总组数，$n \geq 25$。

② 当无统计资料时，砂浆强度标准差可按表 1-32 取值。

4）水泥用量的计算应符合下列规定：

① 每立方米砂浆中的水泥用量，应按下式计算：

$$Q_C = \frac{1000(f_{m,0} - \beta)}{\alpha f_{ce}} \tag{1-4}$$

式中：Q_C——每立方米砂浆的水泥用量，kg，应精确至 1kg；

f_{ce}——水泥的实测强度，MPa，应精确至 0.1MPa；

α、β——砂浆的特征系数，其中 α 取 3.03，β 取 -15.09。

注：各地区也可用本地区试验资料确定 α、β 值，统计用的试验组数不得少于 30 组。

② 在无法取得水泥的实测强度值时，可按下式计算：

$$f_{ce} = r_c f_{ce,k} \tag{1-5}$$

式中：$f_{ce,k}$——水泥强度等级值，MPa；

r_c——水泥强度等级值的富余系数，宜按实际统计资料确定;无统计资料时可取 1.0。

5）石灰膏用量应按下式计算：

$$Q_D = Q_A - Q_C \qquad (1\text{-}6)$$

式中：Q_D——每立方米砂浆的石灰膏用量，kg，应精确至 1kg；
石灰膏使用时的稠度宜为 120mm±5mm；

Q_C——每立方米砂浆的水泥用量，kg，应精确至 1kg；

Q_A——每立方米砂浆中水泥和石灰膏总量，应精确至 1kg，可为 350kg。

6）每立方米砂浆中的砂用量，应按干燥状态（含水率小于 0.5%）的堆积密度值作为计算值(kg)。

7）每立方米砂浆中的用水量，可根据砂浆稠度等要求选用 210～310kg。

注：1.混合砂浆中的用水量,不包括石灰膏中的水；

2.当采用细砂或粗砂时,用水量分别取上限或下限；

3.稠度小于 70mm 时,用水量可小于下限；

4.施工现场气候炎热或干燥季节,可酌量增加用水量。

（2）现场配制水泥砂浆的试配应符合下列规定：

1）水泥砂浆的材料用量可按表 1-33 选用。

表 1-33　　　　　　**每立方米水泥砂浆材料用量**　　　（单位：kg/m³）

强度等级	水泥	砂	用水量
M5	200～230		
M7.5	230～260		
M10	260～290		
M15	290～330	砂的堆积密度值	270～330
M20	340～400		
M25	360～410		
M30	430～480		

注：1. M15 及 M15 以下强度等级水泥砂浆,水泥强度等级为 32.5 级；M15 以上强度等级水泥砂浆,水泥强度等级为 42.5 级；

2. 当采用细砂或粗砂时,用水量分别取上限或下限；

3. 稠度小于 70mm 时,用水量可小于下限；

4. 施工现场气候炎热或干燥季节,可酌量增加用水量。

2）水泥粉煤灰砂浆材料用量可按表 1-34 选用。

表 1-34　　　每立方米水泥粉煤灰砂浆材料用量　（单位：kg/m³）

强度等级	水泥和粉煤灰总量	粉煤灰	砂	用水量
M5	210～240	粉煤灰掺量可占胶凝材料总量的15%～25%	砂的堆积密度值	270～330
M7.5	240～270			
M10	270～300			
M15	300～330			

注：1. 表示水泥强度等级 32.5 级；

2. 当采用细砂或粗砂时，用水量分别取上限或下限；

3. 稠度小于 70mm 时，用水量可小于下限；

4. 施工现场气候炎热或干燥季节，可酌量增加用水量。

（3）水泥混合砂浆配合比设计。

1）计算试配强度 $f_{m,0}$；

2）计算水泥用量 Q_C；

3）计算掺加料用量 Q_D；

4）计算砂用量 Q_S。

$$Q_S = \rho'_0 \cdot V_S \qquad (1-7)$$

式中：Q_S——每立方米砂浆的砂用量，kg；

　　　ρ'_0——砂的堆积密度，kg/m³；

　　　V_S——砂的堆积体积，m³。

采用干砂（含水率小于 0.5%）配制砂浆时，砂的堆积体积取 $V_S = 1m³$；若其他含水状态（含水率为 W），应对砂的堆积体积进行换算，取 $V_S = 1 \cdot (1+W)$。

5）用水量 Q_W 的选用：每立方米砂浆中的用水量，根据砂浆稠度等要求选用，为 210～310kg。

选取时应注意混合砂浆中的用水量，不包括石灰膏或黏土膏中的水；当采用细砂或粗砂时，用水量分别取上限或下限；稠度小于 70mm 时，用水量可小于下限；施工现场气候炎热和干燥季节，可酌量增加用水量。

6）计算初步配合比：$Q_C : Q_D : Q_S : Q_W = 1 : X : Y : Z$

7）配合比试配、调整与确定：在试配中若初步配合比不满足砂浆和易性要求时，则需要调整材料用量，直到符合要求为止。将此配合比确定为试配时的砂浆基准配合比。

一般应按不同水泥用量，至少选择 3 个配合比，进行强度检验。其中一个为基准配合比，其余两个配合比的水泥用量是在基准配合比的基础上，分别增加和减少 10%。在保证稠度、分层度合格的前提下，可将用水量或掺加料用量作相应调整。

将 3 个不同的配合比调整至满足和易性要求后，按规定试验方法成型试件，测定 28d 砂浆强度，从中选定符合试配强度要求，且水泥用量最低的配合比作为砂浆配合比。根据砂的含水率，将配合比换算为施工配合比。

（4）水泥砂浆配合比设计。

水泥砂浆配合比可按表 1-33、表 1-34 选用各种材料用量后进行试配、调整，试配、调整方法与水泥混合砂浆相同。

（5）砌筑砂浆配合比计算实例。

【例 1-1】 某砌筑工程用水泥、石灰混合砂浆，要求砂浆的强度等级为 M5，稠度为 70～90mm。原材料：普通水泥 32.5 级，实测强度为 35.6MPa；中砂，堆积密度为 1450kg/m³，含水率为 2%；石灰膏的稠度为 120mm。施工水平一般。试计算砂浆的配合比。

解：（1）确定试配强度：

查表 1-32 可得，$\sigma = 1.25$MPa，$k = 1.20$　则

$$f_{m,0} = kf_2 = 1.20 \times 5 = 6\text{MPa}$$

（2）计算水泥用量 Q_C：

由 $\alpha = 3.03$，$\beta = -15.09$ 得

$$Q_C = \frac{1000(f_{m,0} - \beta)}{\alpha f_{ce}} = \frac{1000 \times (6 + 15.09)}{3.03 \times 35.6} \approx 195.5(\text{kg})$$

（3）计算石灰膏用量 Q_D：

取 $Q_A = 300$kg

$$Q_D = Q_A - Q_C = 300 - 195.5 = 104.5(\text{kg})$$

（4）确定砂子用量：

$$Q_S = \rho_0' \cdot V_S = 1450 \times (1 + 2\%) \times 1 = 1479(\text{kg})$$

（5）确定用水量：最 $Q_w = 300\text{kg}$，扣除砂中所含水量，拌和用水量为

$$Q_w = 300 - 1450 \times 2\% = 271(\text{kg})$$

（6）砂浆配合比：

$$Q_C : Q_D : Q_S : Q_W = 195.5 : 104.5 : 1479 : 271 = 1 : 0.53 : 7.56 : 1.39$$

5. 砂浆的制备及使用要求

砂浆应按试配调整后确定的配合比进行计量配料。砂浆应采用机械拌和，其拌和时间自投料完算起，水泥砂浆和水泥混合砂浆不得少于 2min；水泥粉煤灰砂浆和掺用外加剂的砂浆不得少于 3min；掺用有机塑化剂的砂浆为 3～5min。拌成后的砂浆，其稠度应符合表 1-31 规定；分层度不应大于 30mm；颜色一致。砂浆拌成后应盛入贮灰器中，如砂浆出现泌水现象，应在砌筑前再次拌和。

砂浆应随拌随用。水泥砂浆和水泥混合砂浆必须分别在拌成后 3h 和 4h 内使用完毕；如施工期间最高气温超过 30℃，必须分别在拌成后 2h 和 3h 内使用完毕。

6. 砂浆的质量检验

砂浆应进行强度检验。砌筑砂浆试块强度验收时，其强度合格标准必须符合下列规定：同一验收批砌筑砂浆试块的抗压强度平均值必须大于或等于设计强度等级所对应的立方体抗压强度；同一验收批砌筑砂浆试块抗压强度的最小一组平均值必须大于或等于设计强度等级所对应的立方体抗压强度的 0.75 倍。砌筑砂浆的验收批，同一类型、强度等级的砂浆试块应不少于 3 组。当同一验收批只有一组试块时，该组试块抗压强度的平均值必须大于或等于设计强度等级所对应的立方体抗压强度。砂浆强度应以标准养护龄期为 28d 的试块抗压试验结果为准。

抽检数量：每一检验批且不超过 250m³ 砌体的各种类型及强度等级的砌筑砂浆，每台搅拌机应至少抽检一次。

检验方法：在砂浆搅拌机出料口随机取样制作砂浆试块

（同盘砂浆只应制作一组试块），最后检查试块强度试验报告单。

当施工中或验收中出现下列情况，可采用现场检验方法对砂浆和砌体强度进行原位检测或取样检测，并判定其强度：砂浆试块缺乏代表性或试块数量不足；对砂浆试块的试验结果有怀疑或有争议；砂浆试块的试验结果不能满足设计要求。

二、砂浆试块制作及养护

1. 混凝土（砂浆）试块制作

由监理人员旁站监督，随机抽样制作。制作步骤如下：

（1）先将混凝土（砂浆）试模擦拭干净，并在模内涂一薄层机油。

（2）将混凝土（砂浆）拌和物分厚度约相等的 2 层装入试模，每层用 $\phi16$ 捣棒由边缘向中心均匀地插捣 25 次，面层插捣完毕后，用铁抹子沿四边模壁插捣数下，目的是消除混凝土（砂浆）与试模接触面的气泡，避免出现蜂窝麻面现象。

（3）将混凝土（砂浆）表面进行压抹并使混凝土稍高于试模面。静置约半小时后进行第二次抹面，要求抹平抹光。混凝土（砂浆）试块成形后，用湿布覆盖试块表面，置于室内静放一昼夜，然后拆模、编号（试块编号内容为试块制作日期，用于工程部位，混凝土试块级数编号等）。以上几项内容与施工技术资料、监理见证单相吻合。试块制作组数：严格按照规范同一部位，同一配合比，同一浇捣日期 100m³ 制作一组试块。每增 100m³ 增做一组试块，不足 100m³ 时按一组计算。砂浆按每一工作班组制作一组。混凝土（砂浆）试块养护按拆模 2d 后送往项目部指定的标养室进行标养。如在此时间段未按要求送至标养室，将混凝土（砂浆）试块放现场混凝土养护池内静水养护，并说明原因，尽早送至标准养护室。

2. 试块养护

（1）试块制作后，一般应在正温度环境中养护一昼夜，当气温较低时，可适当延长时间，但不超过两昼夜，然后对试块进行编号并拆模。

（2）试块拆模后，应在标准养护条件或自然养护条件下连续养护至 28d，然后进行试压。

（3）标准养护。

1）水泥混合砂浆应在温度为（20±3）℃，相对湿度为 60%～80% 的条件下养护。

2）水泥砂浆和微沫砂浆应在温度为（20±3）℃，相对湿度为 90% 以上的潮湿环境中养护。

（4）自然养护。

1）水泥混合砂浆应在正温度，相对湿度为 60%～80% 的条件下（如养护箱中或不通风的室内）养护。

2）水泥砂浆和微沫砂浆应在正温度并保持试块、表面湿润的状态下（如湿砂堆中）养护。

第二章

砌筑工程机具

第一节 砌 筑 工 具

一、手工操作工具

常用的手工砌筑工具主要有瓦刀、斗车、砖笼、料斗、灰斗、灰桶、大铲、灰板、摊灰尺、溜子、抿子、刨锛、钢凿、手锤等。

1. 瓦刀

瓦刀又称泥刀、砖刀,分片刀和条刀两种,如图 2-1 所示。

(a) 片刀   (b) 条刀

图 2-1 瓦刀

(1) 片刀。叶片较宽,重量较大。我国北方打砖用。

(2) 条刀。叶片较窄,重量较轻。我国南方砌筑各种砖墙的主要工具。

2. 斗车

轮轴小于 900mm,容量约 $0.12m^3$,用于运输砂浆和其他散装材料,如图 2-2 所示。

3. 砖笼

采用塔吊施工时,用来吊运砖块的工具,如图 2-3 所示。

4. 料斗

采用塔吊施工时,用来吊运砂浆的工具,料斗按工作时的状态又分立式料斗和卧式料斗,如图 2-4 所示。

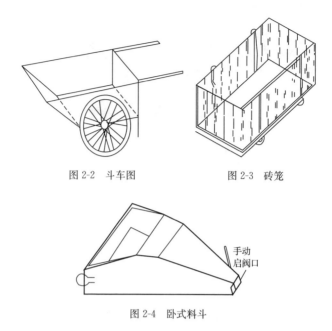

图 2-2 斗车图   图 2-3 砖笼

手动
启阀口

图 2-4 卧式料斗

5. 灰斗

灰斗又称灰盆，用 1～2mm 厚的黑铁皮或塑料制成，如图 2-5(a)所示，用于存放砂浆。

6. 灰桶

灰桶又称泥桶，分铁制、橡胶制和塑料制三种，供短距离传递砂浆及临时贮存砂浆用，如图 2-5(b)所示。

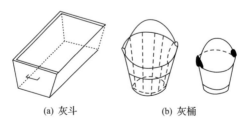

(a) 灰斗   (b) 灰桶

图 2-5 灰斗和灰桶

7. 大铲

大铲是用于铲灰、铺灰和刮浆的工具,也可以在操作中用它随时调和砂浆。大铲以桃形居多,也有长三角形大铲、长方形大铲和鸳鸯大铲。它是实施"三一"(一铲灰、一块砖、一揉挤)砌筑法的关键工具,如图2-6和图2-7所示。

图2-6　大铲

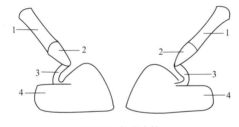

图2-7　鸳鸯大铲

1—铲把;2—铲箍;3—铲程;4—铲板

8. 灰板

灰板又叫托灰板,在勾缝时用其承托砂浆。灰板用不易变形的木材制成,如图2-8所示。

图2-8　灰板

9. 摊灰尺

摊灰尺用于控制灰缝及摊铺砂浆。它用不易变形的木材制成,如图 2-9 所示。

10. 溜子

溜子又叫灰匙、勾缝刀,一般以 $\phi 8$ 钢筋打扁制成,并装上木柄,通常用于清水墙勾缝。用 0.5~1mm 厚的薄钢板制成的较宽的溜子,则用于毛石墙的勾缝,如图 2-10 所示。

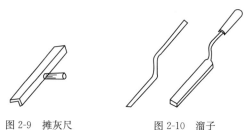

图 2-9 摊灰尺   图 2-10 溜子

11. 抿子

抿子用于石墙抹缝、勾缝,多用 0.8~1mm 厚钢板制成,并装上木柄,如图 2-11 所示。

12. 刨锛

刨锛用以打砍砖块,也可当作小锤与大铲配合使用,如图 2-12 所示。

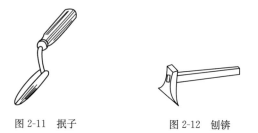

图 2-11 抿子   图 2-12 刨锛

13. 钢凿

钢凿又称錾子,与手锤配合,用于开凿石料、异形砖等。其直径为 20~28mm,长 150~250mm,端部有尖、扁两种,如

图 2-13 所示。

14. 手锤

手锤俗称小榔头。用于敲凿石料和开凿异形砖,如图 2-14 所示。

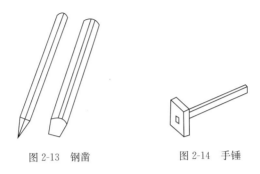

图 2-13　钢凿　　　　　　　图 2-14　手锤

二、常用的备料工具

砌筑时的备料工具主要有砖夹、筛子、锹(铲)等。

1. 砖夹

砖夹是施工单位自制的夹砖工具。可用 $\phi16$ 钢筋锻造,一次可以夹起 4 块标准砖,用于装卸砖块。砖夹形状如图 2-15 所示。

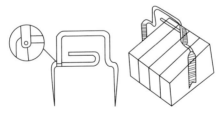

图 2-15　砖夹

2. 筛子

筛子用于筛砂。常用筛孔尺寸有 4mm、6mm、8mm 等几种,有手筛、立筛、小方筛三种,如图 2-16 所示。

图 2-16　立筛

3. 锹、铲等工具

人工拌制砂浆用的各类锹、铲等工具,如图 2-17～图 2-21 所示。

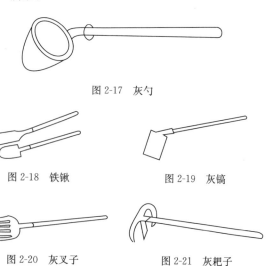

图 2-17　灰勺

图 2-18　铁锹　　　　　　　　　图 2-19　灰镐

图 2-20　灰叉子　　　　　　　　图 2-21　灰耙子

三、常用的检测工具

砌筑时的检测工具主要有钢卷尺、靠尺、托线板、水平尺、塞尺、线锤、百格网、方尺、皮数杆等。

1. 钢卷尺

钢卷尺有 2m、3m、5m、30m、50m 等规格,用于量测轴线、墙体和其他构件尺寸,如图 2-22 所示。

图 2-22　钢卷尺

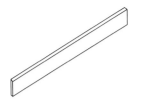

图 2-23　靠尺

2. 靠尺

靠尺的长度为 2～4 m，由平直的铝合金或木枋制成，用于检查墙体、构件的平整度，如图 2-23 所示。

3. 托线板

托线板又称靠尺板，用铝合金或木材制成，长度为 1.2～1.5m，用于检查墙面垂直度和平整度，如图 2-24 所示。

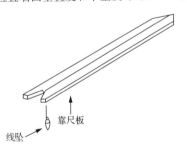

靠尺板

线坠

图 2-24　托线板

4. 水平尺

水平尺用铁或铝合金制作，中间镶嵌玻璃水准管，用于检测砌体水平偏差，如图 2-25 所示。

5. 塞尺

塞尺与靠尺或托线板配合使用，用于测定墙、柱平整度的数值偏差。塞尺上每一格表示 1mm，如图 2-26 所示。

6. 线锤

线锤又称垂球，与托线板配合使用，用于吊挂墙体、构件垂直度，如图 2-27 所示。

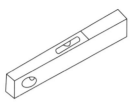

图 2-25 水平尺

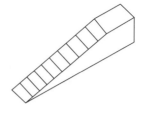

图 2-26 塞尺

7. 百格网

百格网用铁丝编制锡焊而成,也可在有机玻璃上画格而成,用于检测墙体水平灰缝砂浆饱满度,如图 2-28 所示。

图 2-27 线锤

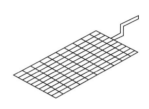

图 2-28 百格网

8. 方尺

方尺是用铝合金或木材制成的直角尺,边长为 200mm,分阴角尺和阳角尺两种。铝合金方尺将阴角尺与阳角尺合为一体,使用更为方便。方尺用于检测墙体转角及柱的方正度,如图 2-29 所示。

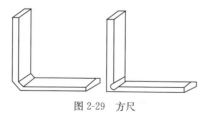

图 2-29 方尺

9. 皮数杆

皮数杆用于控制墙体砌筑时的竖向尺寸,分基础皮数杆和墙身皮数杆两种。

墙身皮数杆一般用 5cm×7cm 的木枋制作,长 3.2～3.6m,上面画有砖的层数、灰缝厚度和门窗、过梁、圈梁、楼板的安装高度以及楼层的高度,如图 2-30 所示。

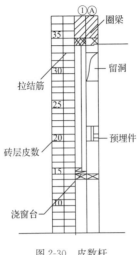

图 2-30 皮数杆

第二节 砂浆搅拌机械

砂浆搅拌机是砌筑工程中的常用机械,用来制备砌筑和抹灰用砂浆。常用规格有 0.2m³ 和 0.325m³ 两种,台班产量为 18～26m³。按生产状态可分为周期作用和连续作用两种基本类型;按安装方式可分为固定式和移动式两种;按出料方式有倾翻出料式和活门出料式(见图 2-31)两类。

目前常用的砂浆搅拌机有倾翻出料式(HJ-200 型、HJ₁-200A 型、HJ₁-200B 型)和活门出料式(HJ-325 型)两种。

砂浆搅拌机是由动力装置带动搅拌筒内的叶片翻动砂浆而进行工作的。一般由操作人员在进料口通过计量加料,经搅拌 1～2min 后成为使用的砂浆。砂浆搅拌机的技术性

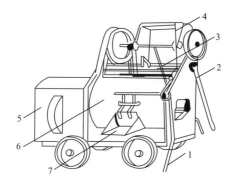

图 2-31　砂浆搅拌机

1—水管；2—上料操作手柄；3—出料操作手柄；4—上料斗；

5—变速箱；6—搅拌斗；7—出料口

能见表 2-1。

表 2-1　　　　　砂浆搅拌机主要技术数据

技术指标	型号				
	HJ-200	HJ₁-200A	HJ₁-200B	HJ-325	连续性
容量/L	200	200	200	325	—
搅拌叶片转速/ (r/min)	30～28	28～30	34	30	383
搅拌时间/min	2	—	2	—	—
生产率/(m³/h)			2	6	16
电机型号	JO₂-42-4	JO₂-41-6	JO₂-32-4	JO₂-42-4	JO₂-32-4
功率/kW	2.8	3	3	3	3
转速/(r/min)	1450	950	1430	1430	1430

第三节　垂直运输设施

垂直运输设施指在建筑施工中担负垂直输送材料和人员上下的机械设备和设施。砌筑工程中的垂直运输量很大，不仅要运输大量的砖（或砌块）、砂浆，而且还要运输脚手架、脚手板及各种预制构件，因而合理安排垂直运输直接影响到砌筑工程的施工速度和工程成本。

一、垂直运输设施的类型

目前砌筑工程中常用的垂直运输设施有塔式起重机、井架、龙门架、施工电梯、灰浆泵等。

1. 塔式起重机

塔式起重机(见图2-32)具有提升、回转、水平运输等功能,不仅是重要的吊装设备,也是重要的垂直运输设备,尤其在吊运长、大、重的物料时有明显的优势,故在可能条件下宜优先选用。

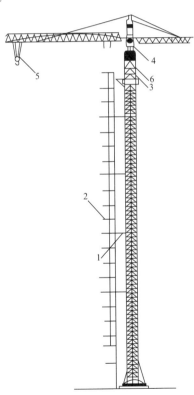

图 2-32　塔式起重机

1—撑杆;2—建筑物;3—标准节;4—操纵室;5—起重小车;6—顶升套架

2. 井架

井架（见图 2-33）是施工中较常用的垂直运输设施。它的稳定性好、运输量大,除用型钢或钢管加工的定型井架之外,还可用脚手架材料搭设而成。井架多为单孔井架,但也可构成两孔或多孔井架。井架通常带一个起重臂和吊盘。起重臂起重能力为 5～10kN,在其外伸工作范围内也可作小距离的水平运输。吊盘起重量为 10～15kN,可放置运料的手推车或其他散装材料。需设缆风绳保持井架的稳定。

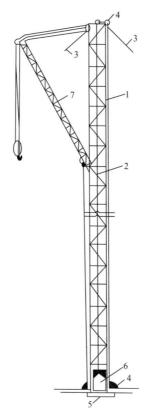

图 2-33　钢井架

1—井架;2—钢丝绳;3—缆风绳;4—滑轮;5—垫梁;6—吊盘;7—辅助吊臂

3. 龙门架

　　龙门架是由两根三角形截面或矩形截面的立柱及横梁组成的门式架(见图2-34)。在龙门架上设滑轮、导轨、吊盘、缆风绳等,进行材料、机具和小型预制构件的垂直运输。龙门架构造简单,制作容易,用材少,装拆方便,但刚度和稳定性较差,一般适用于中小型工程。需设缆风绳保持龙门架的稳定。

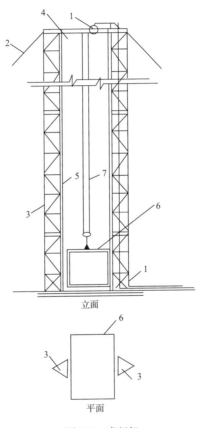

立面

平面

图 2-34　龙门架

1—滑轮;2—缆风绳;3—立柱;4—横梁;5—导轨;6—吊盘;7—钢丝绳

4. 施工电梯

目前,在高层建筑施工中,常采用人货两用的建筑施工电梯。它的吊笼装在井架外侧,沿齿条式轨道升降,附着在外墙或其他建筑物结构上,可载重货物 1.0～1.2t,也可容纳 12～15 人。其高度随着建筑物主体结构施工而接高,可达 100m(见图 2-35)。它特别适用于高层建筑,也可用于高大建筑、多层厂房和一般楼房施工中的垂直运输。

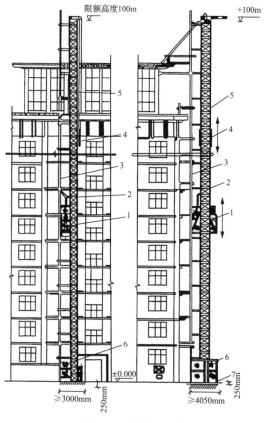

图 2-35　建筑施工电梯

1—吊笼;2—小吊杆;3—架设安装杆;4—平衡箱;5—导轨架;

6—底笼;7—混凝土基础

5. 砌块安装施工机械

砌块墙的施工特点是砌块数量多,吊次相应也多,但砌块的重量不很大。通常采用的吊装方案有两种:一是塔式起重机进行砌块、砂浆的运输以及楼板等构件的吊装,由台灵架吊装砌块,台灵架在楼层上的转移由塔吊来完成;二是以井架进行材料的垂直运输,杠杆车进行楼板吊装,所有预制构件及材料的水平运输则用砌块车和手推车完成,台灵架负责砌块的吊装,如图 2-36 所示。

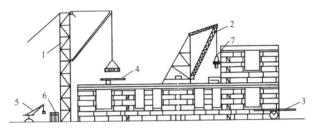

图 2-36　砌块吊装示意

1—井架;2—台灵架;3—转臂式起车机;4—砌块车;5—转臂式起重机;

6—砌块;7—砌块夹

6. 灰浆泵

灰浆泵是一种可以在垂直和水平两个方向连续输送灰浆的机械,目前常用的有活塞式、挤压式两种。活塞式灰浆泵按其结构又分为直接作用式和隔膜式两类。

二、垂直运输设施的设置要求

垂直运输设施的设置一般应根据现场施工条件满足以下一些基本要求。

1. 覆盖面和供应面

塔吊的覆盖面是指以塔吊的起重幅度为半径的圆形吊运覆盖面积;垂直运输设施的供应面是指借助于水平运输手段(手推车等)所能达到的供应范围。建筑工程的全部作业面应处于垂直运输设施的覆盖面和供应面的范围之内。

2. 供应能力

塔吊的供应能力等于吊次乘以吊量(每次吊运材料的体

积、重量或件数);其他垂直运输设施的供应能力等于运次乘以运量,运次应取垂直运输设施和与其配合的水平运输机具中的低值。另外,还需乘以 0.5～0.75 的折减系数,以考虑由于难以避免的因素对供应能力的影响(如机械设备故障等)。垂直运输设备的供应能力应能满足高峰工作量的需要。

3. 提升高度

设备的提升高度能力应比实际需要的升运高度高出不少于 3m,以确保安全。

4. 水平运输手段

在考虑垂直运输设施时,必须同时考虑与其配合的水平运输手段。

5. 安装条件

垂直运输设施安装的位置应具有相适应的安装条件,如具有可靠的基础,与结构拉结可靠,水平运输通道畅通等条件。

6. 设备效能的发挥

必须同时考虑满足施工需要和充分发挥设备效能的问题。当各施工阶段的垂直运输量相差悬殊时,应分阶段设置和调整垂直运输设备,及时拆除已不需要的设备。

7. 设备拥有的条件和今后的利用问题

充分利用现有设备,必要时添置或加工新的设备。在添置或加工新的设备时应考虑今后利用的前景。

8. 安全保障

安全保障是使用垂直运输设施中的首要问题,必须引起高度重视。所有垂直运输设备都要严格按有关规定操作使用。

第三章

砌 筑 用 脚 手 架

第一节　脚手架的作用和要求

　　脚手架又称脚手作业架,是砌筑过程中堆放材料和工人进行操作不可缺少的临时设施,它直接影响到施工作业的顺利开展和安全,也关系到工程质量和劳动生产率。建筑施工脚手架应由架子工搭设,脚手架的宽度一般为 1.5～2.0m,砌筑用脚手架的每步架高度一般为 1.2～1.4m,装饰用脚手架的每步架高度一般为 1.6～1.8m。砌筑用脚手架必须满足使用要求,安全可靠,构造简单,便于装拆、搬运,经济省料并能多次周转使用。

　　脚手架应具有足够的强度、刚度和稳定性,确保施工和使用期间在规定荷载作用下不发生破坏;具有良好的结构整体性,保证使用过程中不发生晃动、倾斜、变形,以保障使用者的人身安全和操作的可靠性;应设置防止操作者高处坠落和零散材料掉落的防护设施。脚手架使用的材料、构件在规格、质量上要符合有关技术规定;对自行加工的架设工具必须符合设计要求,并经检验合格后才能使用;加强对材料、构件和架设工具的管理。避免和减少在架设、运输和存放过程中造成的损伤;做好维修保养工作;对不合格的应及时清出场外;脚手架的结构必须符合规定要求,对特殊的脚手架、超载施工的脚手架,超过规定高度的脚手架应按实际情况进行计算和设计;认真处理脚手架地基,保证地基具有足够的承载能力,必要时应在使用期间定期观察,做好记录,并在需要时采取补救加强措施。

脚手架应起到操作平台、作业和运输通道以及能够临时堆放必要的材料和机具设备的作用,满足施工的需要。为此,应做到以下几点:

(1)脚手架的宽度应符合施工人员操作、作业通行、材料运输和堆放的需要。

(2)脚手架整体高度、步架高度、离墙距离等要满足人员操作和施工要求。

(3)脚手架的构造以及杆件、构件和附挂设施的位置,不应影响施工活动的正常进行。

(4)脚手架搭设位置应不妨碍其他施工活动的正常开展。

(5)在脚手架上作业和通行必须保证稳定,以满足使用者施工的基本需求。

(6)脚手架应做到搭设和拆除方便,并应尽量避免进行现场加工。

(7)方便工程监督人员对工程的检查。

(8)能够与垂直运设施,诸如电梯、井架等相互适应,并与楼层和作业面高度相适应,以满足材料垂直运输和顺利转入水平运输的要求。

(9)应考虑多层作业、交叉施工、流水作业的要求,尽量避免或减少搭拆次数。

脚手架可根据与施工对象的位置关系、支承特点、结构形式以及使用的材料等划分为多种类型。

按照支承部位和支承方式划分:

(1)落地式:搭设(支座)在地面、楼面、屋面或其他平台结构之上的脚手架。

(2)悬挑式:采用悬挑方式支设的脚手架,其支挑方式有以下3种:①架设于专用悬挑梁上;②架设于专用悬挑三角桁架上;③架设于由撑拉杆件组合的支挑结构上。其支挑结构有斜撑式、斜拉式、拉撑式和顶固式等多种。

(3)附墙悬挂脚手架:在上部或中部挂设于墙体挑挂件上的定型脚手架。

（4）悬吊脚手架:悬吊于悬挑梁或工程结构之下的脚手架。

（5）附着式升降脚手架（简称"爬架"）:附着于工程结构依靠自身提升设备实现升降的悬空脚手架。

（6）水平移动脚手架:带行走装置的脚手架或操作平台架。

按其所用材料分为木脚手架、竹脚手架和金属脚手架。

按其结构形式分为多立杆式、碗扣式、门形、方塔式、附着式升降脚手架及悬吊式脚手架等。

第二节　脚手架的构造

一、扣件式钢管脚手架

扣件式钢管脚手架是属于多立杆式外脚手架中的一种。其特点是杆配件数量少;装卸方便,利于施工操作;搭设灵活,能搭设高度大;坚固耐用,使用方便。

多立杆式脚手架由立杆、大横杆、小横杆、斜撑、脚手板等组成。其特点是每步架高可根据施工需要灵活布置,取材方便,钢、木、竹等均可应用。

1. 构造要求

扣件式脚手架是由标准的钢管杆件和特制扣件组成的脚手架骨架与脚手板、防护构件、连墙件等组成的,是目前最常用的一种脚手架。

多立杆式脚手架分为双排式和单排式两种形式。双排式沿外墙侧设两排立杆,小横杆两端支承在内外二排立杆上,多、高层房屋均可采用,当房屋高度超过50m时,需专门设计。单排式沿墙外侧仅设一排立杆,其小横杆与大横杆连接,另一端支承在墙上,仅适用于荷载较小、高度较低、墙体有一定强度的多层房屋,如图3-1所示。

（1）钢管杆件。钢管杆件包括立杆、大横杆、小横杆、剪刀撑、斜杆和抛撑(在脚手架立面之外设置的斜撑)。

钢管杆件一般采用外径48mm、壁厚3.5mm的焊接钢管

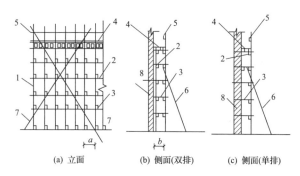

图 3-1　钢管扣件式脚手架基本构造

1—立杆；2—大横杆；3—小横杆；4—脚手板；5—栏杆；
6—抛撑；7—剪刀撑；8—砖墙

或无缝钢管，也有外径 50～51mm，壁厚 3～4mm 的焊接钢管或其他钢管。用于立杆、大横杆、剪刀撑和斜杆的钢管最大长度为 4～6.5m，最大重量不宜超过 25kg，以便适合人工操作。用于小横杆的钢管长度宜在 1.8～2.2m，以适应脚手宽的需要。

（2）扣件。扣件为杆件的连接件。有可锻铸铁铸造扣件和钢板压制扣件两种。扣件的基本形式有三种：①对接扣件（对接扣件用于两根钢管的对接连接）；②旋转扣件（用于两根钢管呈任意角度交叉的连接）；③直角扣件（用于两根钢管呈垂直交叉的连接），如图 3-2 所示。

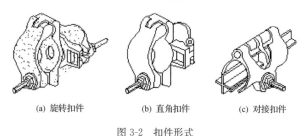

(a) 旋转扣件　　　　　(b) 直角扣件　　　　　(c) 对接扣件

图 3-2　扣件形式

（3）脚手板。脚手板一般用厚 2mm 的钢板压制而成，长度 2～4m，宽度 250mm，表面应有防滑措施。也可采用厚度不小于50mm的杉木板或松木板,长度3～6m,宽度200～250mm;或者采用竹脚手板,有竹笆板和竹片板两种形式。脚手板的材质应符合规定,且脚手板不得有超过允许的变形和缺陷。

(4)连墙件。连墙件将立杆与主体结构连接在一起,可用钢管、型钢或粗钢筋等,其间距见表3-1。

表 3-1 连墙件的布置 (单位:m)

脚手架类型	脚手架高度	垂直间距	水平间距
双排	≤60	≤6	≤6
	>50	≤4	≤6
单排	≤24	≤6	≤6

每个连墙件抗风荷载的最大面积应小于40m²。连墙件需从底部第一根纵向水平杆处开始设置,附墙件与结构的连接应牢固,通常采用预埋件连接。

连墙杆每3步5跨设置一根,其作用不仅防止架子外倾,同时增加立杆的纵向刚度,如图3-3所示。

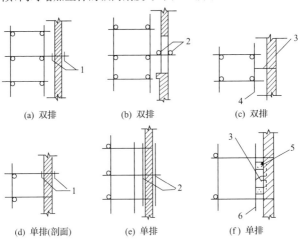

图 3-3 连墙杆的做法

1—扣件;2—短钢管;3—铅丝与墙内埋设的钢筋环拉住;4—顶墙横杆;
5—木楔;6—短钢管

(5)底座。扣件式钢管脚手架的底座用于承受脚手架立柱传递下来的荷载,底座一般采用厚 8mm,边长 150～200mm 的钢板作底板,上焊 150～200mm 高的钢管。底座形式有内插式和外套式两种(见图 3-4),内插式的外径 D_1 比立杆内径小 2mm,外套式的内径 D_2 比立杆外径大 2mm。

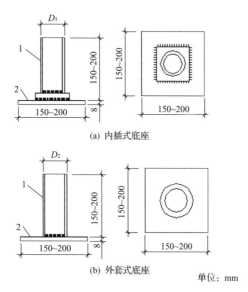

(a) 内插式底座

(b) 外套式底座

单位: mm

图 3-4　扣件式钢管脚手架底座

1—承插钢管;2—钢板底座

2. 扣件式钢管脚手架的搭设要求

(1)扣件式钢管脚手架搭设范围内的地基要夯实找平,做好排水处理,防止积水浸泡地基。

(2)立杆中大横杆步距和小横杆间距可按表 3-2 选用,最下一层步距可放大到 1.8m,便于底层施工人员的通行和运输。

3. 钢管扣件式脚手架的承力结构

脚手架的承力结构主要指作业层、横向构架和纵向构架三部分。

表 3-2 **扣件式脚手架的一般构造要求** （单位：m）

项目名称	结构脚手架		装修脚手架	
	单排	双排	单排	双排
双排脚手架中立杆离墙面的距离	—	0.35～0.5	—	0.35～0.5
小横杆里端离墙面的距离或插入墙体的长度	0.35～0.5	0.1～0.15	0.35～0.5	0.15～0.20
小横杆外端伸出大横杆外的长度	>0.15			
双排脚手架内外立杆横距单排脚手架立杆与墙面距离	1.35～1.8	1.00～1.50	1.15～1.5	1.15～1.20
立杆纵距 单立杆	1.00～2.00			
立杆纵距 双立杆	1.50～2.00			
大横杆间距(步高)	≤1.50		≤1.80	
第一步架步高	一般为 1.60～1.80；且≤2.00			
小横杆间距	≤1.10		≤1.50	
15～18m 内铺板层和作业层的限制	铺板层不多于 6 层,作业层不超过 2 层			
不铺板时,小横杆的部分拆除	每步保留、相间抽拆,上下两步错开,抽拆后的距离、结构架子≤1.50;装修架子≤3.00			
剪刀撑	沿脚手架纵向两端和转角处起,每道剪刀撑宽度不小于 4 跨,且不应小于 6m,斜杆与地面夹角为 45°～60°,并沿全高度布置			
与结构拉结(连墙杆)	每层设置,垂直距离≤4.0m,水平距离≤6.0m,且在高度短的分界面上必须设置			
水平斜拉杆	设置在连墙杆相同的水平面上	视需要		
护身栏杆和挡脚板	设置在作业层,栏杆高 1.2m,挡脚板高不应小于 0.18m			
杆件对接或搭接位置	上下或左右错开,设置在不同的步架和纵墙网格内			

作业层直接承受施工荷载,荷载由脚手板传给小横杆,再传给大横杆和立柱。

横向构架由立杆和小横杆组成,是脚手架直接承受和传递垂直荷载的部分。它是脚手架的受力主体。

纵向构架是由各榀横向构架通过大横杆相互之间连接形成的一个整体。它应沿房屋的周围形成一个连续封闭的结构,所以房屋四周脚手架的大横杆在房屋转角处要相互交圈,并确保连续。实在不能交圈时,脚手架的端头应采取有效措施来加强其整体性。常用的措施是设置抗侧力构件、加强与主体结构的拉结等。

4. 钢管扣件式脚手架的支撑体系

脚手架的支撑体系包括纵向支撑(剪刀撑)、横向支撑和水平支撑。这些支撑应与脚手架这一空间构架的基本构件很好连接。

设置支撑体系的目的是使脚手架成为一个几何稳定的构架,加强其整体刚度,以增大抵抗侧向力的能力,避免出现节点的可变状态和过大的位移。

(1)纵向支撑(剪刀撑)。纵向支撑是指沿脚手架纵向外侧隔一定距离由下而上连续设置的剪刀撑,具体布置如下。

脚手架高度在 25m 以下时,在脚手架两端和转角处必须设置,中间每隔 12～15m 设一道,且每片架子不少于三道。剪刀撑宽度宜取 3～5 倍立杆纵距,斜杆与地面夹角宜在45°～60°范围内,最下面的斜杆与立杆的连接点离地面不宜大于 500mm。

脚手架高度在 25～50m 时,除沿纵向每隔 12～15m 自下而上连续设置一道剪刀撑外,在相邻两排剪刀撑之间,尚需沿高度每隔 10～15m 加设一道沿纵向通长的剪刀撑。

对高度大于 50m 的高层脚手架,应沿脚手架全长和全高连续设置剪刀撑。

(2)横向支撑。横向支撑是指在横向构架内从底到顶沿全高呈"之"字形设置的连续的斜撑,具体设置要求如下。

脚手架的纵向构架因条件限制不能形成封闭形,如"一"

字形、L形或"凹"字形的脚手架,其两端必须设置横向支撑,并于中间每隔六个间距加设一道横向支撑。

脚手架高度超过24m时,每隔六个间距要设置横向支撑一道。

(3)水平支撑。水平支撑是指在设置联墙拉结杆件的所在水平面内连续设置的水平斜杆。一般可根据需要设置,如在承力较大的结构脚手架中或在承受偏心荷载较大的承托架、防护棚、悬挑水平安全网等部位设置,以加强其水平刚度。

(4)抛撑和连墙杆。脚手架由于其横向构架本身是一个高跨比相差悬殊的单跨结构,仅依靠结构本身尚难以做到保持结构的整体稳定、防止倾覆和抵抗风力。对于高度低于三步的脚手架,可以采用加设抛撑来防止其倾覆,抛撑的间距不超过6倍立杆间距,抛撑与地面的夹角为45°~60°,并应在地面支点处铺设垫板。对于高度超过三步的脚手架,防止倾斜和倒塌的主要措施是将脚手架整体依附在整体刚度很大的主体结构上,依靠房屋结构的整体刚度来加强和保证整片脚手架的稳定性。其具体做法是在脚手架上均匀地设置足够多的牢固的连墙点,间距不宜大于3000mm。

设置一定数量的连墙杆后,整片脚手架的倾覆破坏一般不会发生。但要求与连墙杆连接一端的墙体本身有足够的刚度,所以连墙杆在水平方向应设置在框架梁或楼板附近,竖直方向应设置在框架柱或横隔墙附近。连墙杆在房屋的每层均需布置一排。一般竖向间距为脚手架步高的2~4倍,不宜超过4倍,且绝对值在3~4m范围内;横向间距宜选用立杆纵距的3~4倍,不宜超过4倍,且绝对值在4.5~6.0m范围内。

二、钢管碗扣式脚手架

1. 钢管碗扣式脚手架的组成及特点

钢管碗扣式脚手架立杆与水平杆靠特制的碗扣接头连接,如图3-5所示。碗扣分上碗扣和下碗扣,下碗扣焊在钢管上,上碗扣对应地套在钢管上,其销槽对准焊在钢管上的限位销即能上下滑动。连接时,只需将横杆接头插入下碗扣内,将上碗扣沿限位销扣下,并顺时针旋转,靠上碗扣螺旋面使之与限位销顶紧,从而将横杆与立杆牢固地连在一起,形成框架结构。碗扣式接头可同时连接4根横杆,横杆可相互垂直亦可组成其他角度,因而可以搭设各种形式的脚手架,特别适合于搭设扇形表面及高层建筑施工和装修施工两用外脚手架,还可作为模板的支撑。

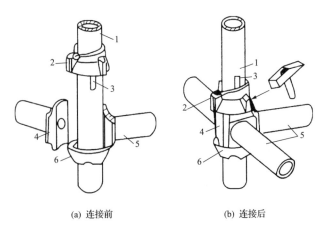

(a) 连接前   (b) 连接后

图 3-5　碗扣接头构造

1—立杆;2—上碗扣;3—限位销;4—横杆接头;5—横杆;6—下碗扣

2. 钢管碗扣式脚手架的一般构造要求

脚手架立杆碗扣节点应按6m模数设置。立杆上应设有接长用套管及连接销孔。构、配件种类、规格及用途见表3-3。

3. 构、配件材料及制作要求

碗扣式脚手架用钢管应采用符合现行国家标准《直缝电焊钢管》(GB/T 13793—2016)、《低压流体输送用焊接钢管》(GB/T 3091—2015)中的Q235A级普通钢管的要求,其材质性能应符合现行国家标准《碳素结构钢》(GB/T 700—2006)的规定。

表 3-3　碗扣式脚手架主要构、配件种类、规格及用途

名称	型号	规格/mm	市场重量/kg	设计重量/kg
立杆	LG-120	$\phi48\times3.5\times1200$	7.41	7.05
	LG-180	$\phi48\times3.5\times1800$	10.67	10.19
	LG-240	$\phi48\times3.5\times2400$	14.02	13.34
	LG-300	$\phi48\times3.5\times3000$	17.31	16.48
横杆	HG-30	$\phi48\times3.5\times300$	1.67	1.32
	HG-60	$\phi48\times3.5\times600$	2.82	2.47
	HG-90	$\phi48\times3.5\times900$	3.97	3.63
	HG-120	$\phi48\times3.5\times1200$	5.12	4.78
	HG-150	$\phi48\times3.5\times1500$	6.28	5.93
	HG-180	$\phi48\times3.5\times1800$	7.43	7.08
间横杆	JHG-90	$\phi48\times3.5\times900$	5.28	4.37
	JHG-120	$\phi48\times3.5\times1200$	6.43	5.52
	JHG-120+30	$\phi48\times3.5\times(1200+300)$	7.74	6.85
	JHG-120+60	$\phi48\times3.5\times(1200+600)$	9.69	8.16
斜杆	XG-0912	$\phi48\times3.5\times150$	7.11	6.33
	XG-1212	$\phi48\times3.5\times170$	7.87	7.03
	XG-1218	$\phi48\times3.5\times2160$	9.66	8.66
	XG-1518	$\phi48\times3.5\times2340$	10.34	9.30
	XG-1818	$\phi48\times3.5\times2550$	11.13	10.04
专用斜杆	ZXG-0912	$\phi48\times3.5\times1270$		5.89
	ZXG-1212	$\phi48\times3.5\times1500$		6.76
	ZXG-1218	$\phi48\times3.5\times1920$		8.73
十字撑	XZC-0912	$\phi30\times2.5\times1390$		4.72
	XZC-1212	$\phi30\times2.5\times1560$		5.31
	XZC-1218	$\phi30\times2.5\times2060$		7.00
	TL-30	宽度 300	1.68	1.53
	TL-60	宽度 600	9.30	8.60
	LLX	$\phi12$		0.18

名称	型号	规格/mm	市场重量/kg	设计重量/kg
十字撑	KTZ-45	可调范围≤300		5.82
	KTZ-60	可调范围≤450		7.12
	KTZ-75	可调范围≤600		8.50
	KTC-45	可调范围≤300		7.01
	KTC-60	可调范围≤450		8.31
	KTC-75	可调范围≤600		9.69
	JB-120	1200×270		12.80
	JB-150	1500×270		15.00
	JB-180	1600×270		17.90
	JT-255	2546×530		4.70

碗扣架用钢管规格为 $\phi48\times3.5$mm,钢管壁厚不得小于 $3.5\sim0.025$mm。

上碗扣、可调底座及可调托撑螺母应采用可锻铸铁或铸钢制造,其材料机械性能应符合现行国家标准《可锻铸铁件》(GB/T 9440—2010)中 KTH330-08 及《一般工程用铸造碳钢件》(GB/T 11352—2009)中 ZG 270-500 的规定。

下碗扣、横杆接头、斜杆接头应采用碳素铸钢制造,其材料机械性能应符合现行国家标准 GB/T 11352—2009 中 ZG 230-450 的规定。

采用钢板热冲压整体成形的下碗扣,钢板应符合现行国家标准 GB/T 700—2006 标准中 Q235A 级钢的要求,板材厚度不得小于 6mm,并经 $600\sim650$℃ 的时效处理。严禁利用废旧锈蚀钢板改制。

立杆连接外套管壁厚不得小于 $3.5\sim0.025$mm,内径不大于 50mm,外套管长度不得小于 160mm,外伸长度不小于 110mm。

杆件的焊接应在专用工装上进行,各焊接部位应牢固可靠,焊缝高度不小于 3.5mm,其组焊的形位公差应符合表 3-4

的要求。

表 3-4 杆件组焊形位公差要求

序号	项目	允许偏差/mm
1	杆件管口平面与钢管轴线垂直度	0.5
2	立杆下碗扣间距	±1
3	下碗扣碗口平面与钢管轴线垂直度	≤1
4	接头的接触弧面与横杆轴心垂直度	≤1
5	横杆两接头接触弧面的轴心线平行度	≤1

立杆上的上碗扣应能上下串动和灵活转动,不得有卡滞现象;杆件最上端应有防止上碗扣脱落的措施。

立杆与立杆连接的连接孔处应能插入 $\phi12mm$ 连接销。

在碗扣节点上同时安装 1~4 个横杆,上碗扣均应能锁紧。

可调底座及可调托撑丝杆与螺母捏合长度不得少于 4~5 扣,插入立杆内的长度不得小于 150mm。

4. 构配件外观质量要求

钢管应无裂纹、凹陷、锈蚀,不得采用接长钢管;铸造件表面应光整,不得有砂眼、缩孔、裂纹、浇冒口残余等缺陷,表面粘砂应清除干净;冲压件不得有毛刺、裂纹、氧化皮等缺陷;各焊缝应饱满,焊药清除干净,不得有未焊透、夹砂、咬肉、裂纹等缺陷;构配件防锈漆涂层应均匀、牢固;主要构、配件上的生产厂标识应清晰。

三、门型钢管脚手架

门型钢管脚手架又称多功能门型脚手架,是一种工厂生产、现场搭设的脚手架,是目前国际上应用最普遍的脚手架之一。

1. 构造要求

门型钢管脚手架由门式框架、剪刀撑和水平梁架或脚手板构成基本单元,如图 3-6(a)所示。将基本单元连接起来即构成整片脚手架,如图 3-6(b)所示。

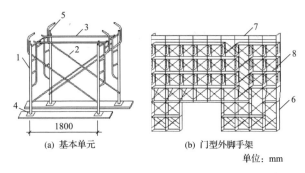

(a) 基本单元　　　　　(b) 门型外脚手架

单位：mm

图 3-6　门型钢管脚手架

1—门型框架；2—剪刀撑；3—水平梁架；4—螺旋基脚；5—连接器；

6—梯子；7—栏杆；8—脚手板

2. 门型钢管脚手架的搭设与拆除

门型钢管脚手架一般按以下程序搭设：铺放垫木（板）→拉线、放底座→自一端起立门架并随即装剪刀撑→装水平梁架（或脚手板）→装梯子→需要时，装设通常的纵向水平杆→装设连墙杆→重复上述步骤，逐层向上安装→装加强整体刚度的长剪刀撑→装设顶部栏杆。

搭设门型钢管脚手架时，基底必须先平整夯实，并铺设可调底座，以免产生塌陷和不均匀沉降。应严格控制第一步门式框架垂直度偏差不大于 2mm，门架顶部的水平偏差不大于 5mm。外墙脚手架必须通过扣墙管与墙体拉结，并用扣件把钢管和处于相交方向的门架连接起来。整片脚手架必须适量放置水平加固杆（纵向水平杆），前三层要每层设置，三层以上则每隔三层设一道。在架子外侧面设置长剪刀撑。使用连墙管或连墙器将脚手架与建筑物连接。高层脚手架应增加连墙点布设密度。拆除架子时应自上而下进行，部件拆除顺序与安装顺序相反。门式脚手架架设超过 10 层，应加设辅助支撑，一般在高 8~11 层门式框架之间，宽在 5 个门式框架之间，加设一组，使部分荷载由墙体承受。

四、附着式升降脚手架

附着式升降脚手架（见图 3-7）简称爬架，是沿结构外表面满搭的脚手架,在结构和装修工程施工中应用较为方便。升降式脚手架自身分为两大部件,分别依附固定在建筑结构上。主体结构施工阶段,升降式脚手架利用自身带有的升降机构和升降动力设备,使两个部件互为利用,交替松开固定,交替爬升,其爬升原理同爬升模板。装饰施工阶段交替下降。

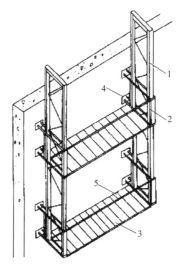

图 3-7　升降式脚手架
1—内架;2—外套架;3—外手板;4—附墙装置;5—栏杆

该形式的脚手架搭设高度为 3～4 个楼层,不占用塔吊,相对落地式外脚手架,省材料,省人工,适用于高层框架、剪力墙和筒体结构的快速施工。

附着式升降脚手架的升降运动是通过手动或电动倒链交替对活动架和固定架进行升降来实现的。从升降架的构造来看,活动架和固定架之间能够进行上下相对运动。当脚手架工作时,活动架和固定架均用附墙螺栓与墙体锚固,两架之间无相对运动;当脚手架需要升降时,活动架与固定架中的一个架子仍然锚固在墙体上,使用倒链对另一个架子进行升降,两架之间便产生相对运动。通过活动架和固定架交替附墙,互相升降,脚手架即可沿着墙体上的预留孔逐层升降。爬升可分段进行,视设备、劳动力和施工进度而定,每个爬升过程提升 1.5～2m,每个爬升过程分两步进行。

五、悬挑式脚手架

悬挑式脚手架(见图 3-8)简称挑架。搭设在建筑物外边缘向外伸出的悬挑结构上,将脚手架荷载全部或部分传递给建筑结构。

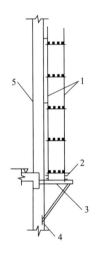

图 3-8 悬挑式脚手架

1—钢管脚手架;2—型钢横梁;3—三角支承架;4—预埋件;5—钢筋混凝土柱(墙)

悬挑支承结构有用型钢焊接制作的三角桁架下撑式结构以及用钢丝绳斜拉住水平型钢挑梁的斜拉式结构两种主要形式。

在悬挑结构上搭设的双排外脚手架与落地式脚手架相同,分段悬挑脚手架的高度一般控制在 25m 以内。该形式的脚手架适用于高层建筑的施工。由于脚手架系沿建筑物高度分段搭设,故在一定条件下,当上层还在施工时,其下层即可提前交付使用;而对于有裙房的高层建筑,则可使裙房与主楼不受外脚手架的影响,同时展开施工。

六、外挂式脚手架

外挂式脚手架(见图 3-9)随主体结构逐层向上施工,用塔吊吊升,悬挂在结上。在装饰施工阶段,该脚手架改为从屋顶外挂,逐层下降。外挂式脚手架的吊升单元(吊篮架子)宽度宜控制在 5~6m,每一吊升单元的自重宜在 1t 以内。该形式的脚手架适用于高层框架和剪力墙结构施工。

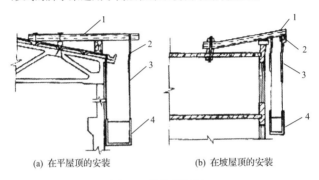

(a) 在平屋顶的安装　　　　　　(b) 在坡屋顶的安装

图 3-9　外挂式脚手架

1—挑梁;2—吊环;3—吊索;4—吊篮

第三节　脚手架的搭设与拆除

一、施工准备

(1) 脚手架施工前必须制订施工设计或专项方案,保证其技术可靠和使用安全。经技术审查批准后方可实施。

(2) 脚手架搭设前工程技术负责人应按脚手架施工设计或专项方案的要求对搭设和使用人员进行技术交底。

(3) 对进入现场的脚手架构配件,使用前应对其质量进行复检。

(4) 构配件应按品种、规格分类放置在堆料区内或码放在专用架上,清点好数量备用。脚手架堆放场地排水应畅通,不得有积水。

（5）连墙件如采用预埋方式，应提前与设计者协商，并保证预埋件在混凝土浇筑前埋入。

（6）脚手架搭设场地必须平整、坚实、排水措施得当。

二、地基与基础处理

（1）脚手架地基基础必须按施工设计进行施工，按地基承载力要求进行验收。

（2）地基高低差较大时，可利用立杆 0.6m 节点位差调节。

（3）土壤地基上的立杆必须采用可调底座。

（4）脚手架基础经验收合格后，应按施工设计或专项方案的要求放线定位。

三、脚手架搭设

（1）底座和垫板应准确地放置在定位线上；垫板宜采用长度不少于 2 跨，厚度不小于 50mm、宽度不小于 200mm 的木垫板；底座的轴心线应与地面垂直。

（2）脚手架搭设应按立杆、横杆、斜杆、连墙件的顺序逐层搭设，每次上升高度不大于 3m。底层水平框架的纵向直线度应不大于 $L/200$；横杆间水平度应不大于 $L/400$。

（3）脚手架的搭设应分阶段进行，第一阶段的摺底高度一般为 6m，搭设后必须经检查验收后方可正式投入使用。

（4）脚手架的搭设应与建筑物的施工同步上升，每次搭设高度必须高于即将施工楼层 1.5m。

（5）脚手架全高的垂直度偏差应小于 $L/500$；最大允许偏差应小于 100mm。

（6）脚手架内外侧加挑梁时，挑梁范围内只允许承受人行荷载，严禁堆放物料。

（7）连墙件必须随架子高度上升及时在规定位置处设置，严禁任意拆除。

（8）作业层设置应符合下列要求。

1）必须满铺脚手板，外侧应设挡脚板及护身栏杆。

2）护身栏杆可用横杆在立杆的 0.6m 和 1.2m 的碗扣接头处搭设两道。

3）作业层下的水平安全网应按现行行业标准JGJ 130—2011的规定设置。

（9）采用钢管扣件做加固件、连墙件、斜撑时，应符合现行行业标准JGJ 130—2011的有关规定。

（10）脚手架搭设到顶时，应组织技术、安全、施工人员对整个架体结构进行全面的检查和验收，及时解决存在的结构缺陷。

四、脚手架拆除

（1）应全面检查脚手架的连接、支撑体系等是否符合构造要求，经按技术管理程序批准后方可实施拆除作业。

（2）脚手架拆除前现场工程技术人员应对在岗操作工人进行有针对性的安全技术交底。

（3）脚手架拆除时必须划出安全区，设置警戒标志，派专人看管。

（4）拆除前应清理脚手架上的器具及多余的材料和杂物。

（5）拆除作业应从顶层开始，逐层向下进行，严禁上下层同时拆除。

（6）连墙件必须拆到该层时方可拆除，严禁提前拆除。

（7）拆除的构配件应成捆用起重设备吊运或人工传递到地面，严禁抛掷。

（8）脚手架采取分段、分立面拆除时，必须事先确定分界处的技术处理方案。

（9）拆除的构配件应分类堆放，以便于运输、维护和保管。

五、模板支撑架的搭设与拆除

（1）模板支撑架搭设应与模板施工相配合，利用可调底座或可调托撑调整底模标高。

（2）按施工方案弹线定位，放置可调底座后分别按先立杆后横杆再斜杆的搭设顺序进行。

（3）建筑楼板多层连续施工时，应保证上下层支撑立杆在同一轴线上。

（4）搭设在结构的楼板、挑台上时，应对楼板或挑台等结构承载力进行验算。

（5）模板支撑架拆除应符合现行国家标准《混凝土结构工程施工质量验收规范》(GB 50204—2015)中混凝土强度的有关规定。

（6）架体拆除时应按施工方案设计的拆除顺序进行。模板支撑架搭设应与模板施工相配合，利用可调底座或可调托撑调整底模标高。

第四章

石砌体工程

第一节 砌 石 护 坡

砌石护坡通常采用干砌石或浆砌石护坡。干砌石是指不用任何胶凝材料把石块砌筑起来，包括干砌块（片）石、干砌卵石。浆砌石是用胶结材料把单个的石块联结在一起，使石块依靠胶结材料的黏结力、摩擦力和块石本身重量结合成为新的整体，以保持建筑物的稳固，同时，充填着石块间的空隙，堵塞了一切可能产生的漏水通道。浆砌石具有良好的整体性、密实性和较高的强度，使用寿命更长，还具有较好的防止渗水和抵抗水流冲刷的能力。

一、砌筑要求

1. 干砌石的砌石要求

砌石工程应在基础验收及结合面处理合格后方可施工。砌筑前，在基础面上放出墙身中线及边线。放样立标，拉线砌筑。干砌石使用材料应按施工图纸要求采用合适的砌筑料。石料使用前表面应洗除泥土和水锈杂质。砌体缝口应砌紧，底部应垫稳填实，与周边砌石靠紧，严禁架空。宜采用立砌法，不得叠砌和浮塞；叠砌是指用薄片石重叠，双层砌筑，浮塞是指砌体的缝口，加塞时未经砸紧。石料最小边厚不宜小于15cm。不得有通缝和上下层垂直对缝，错缝不得小于10cm。砌石时缝隙不应大于2cm，三角缝不应大于3cm，表面平整度不应大于3cm。明缝要用小片石填塞紧密，一般以手拉不出为宜。不得在外露面用块石砌筑，而中间以小石填心；不得在砌筑层面以小块石、片石找平。在梯形沟、渠的施工中,宜先底后坡,由中间后两边,由下而上砌筑。对矩形而言,可先侧墙后底部。干砌石体铺砌前,应先铺设一层厚为100～200mm的砂砾垫层。铺设垫层前,应将地基平整夯实,砂砾垫层厚度应均匀,其密实度应大于90%。

2. 浆砌石的砌石要求

浆砌石施工的砌筑要领可概括为"平、稳、满、错"四个字。平,同一层面大致砌平,相邻石块的高差宜小于2～3cm;稳,单块石料的安砌务求自身稳定;满,灰缝饱满密实,严禁石块间直接接触;错,相邻石块应错缝砌筑,尤其不允许顺水流方向通缝。

砌筑前先检查地基处理是否符合标准。在基岩上浆砌时,先要把岩面清洗干净;块石砌稳后,不得再从底部撬动,以保证石块下部砂浆饱满,砌筑中,同一层面应保持平衡升高,如砌好的块石内砂浆已初凝,严禁用重锤敲击或强烈振动;砂浆终凝后立即进行勾缝处理,勾缝前先清除缝内松散浆料,缝深3～5cm;施工前先洒水保持缝内干净潮湿,勾缝时需仔细把砂浆压入缝内,重要砌体在砂浆初凝后,再第二次压缝,以防止塌落和干缩造成的细缝。勾缝应做到深、净、实、紧、平。

二、砌筑方法

1. 干砌石砌筑

(1)砌筑前的准备工作。

1)备料。在砌石施工中为缩短场内运距,避免停工待料,砌筑前应尽量按照工程部位及需要数量分片备料,并提前将石块的水锈、淤泥洗刷干净。

2)基础清理。砌石前应将基础开挖至设计高程,淤泥、腐殖土以及混杂有建筑残渣应清除干净,必要时将坡面或底面夯实,然后才能进行铺砌。

3)铺设反滤层。在干砌石砌筑前应铺设砂砾反滤层,其作用是将块石垫平,不致使砌体表面凹凸不平,减少其对水流的摩阻力;减少水流或降水对砌体基础土壤的冲刷;防止地下渗水逸出时带走基础土粒,避免砌筑面下陷变形。

反滤层的各层厚度、铺设位置、材料级配和粒径以及含泥量均应满足规范要求，铺设时应与砌石施工配合，自下而上，随铺随砌，接头处各层之间的连接要层次清楚，防止层间错动或混淆。

(2) 施工方法。常采用的干砌块石的施工方法有两种，即花缝砌筑法和平缝砌筑法。

1) 花缝砌筑法。花缝砌筑法多用于干砌片(毛)石。砌筑时，依石块原有形状，使尖对拐、拐对尖，相互联系砌成。砌石不分层，一般多将大面向上，如图 4-1 所示。这种砌法的缺点是底部空虚，容易被水流淘刷变形，稳定性较差，且不能避免重缝、叠缝、翘口等毛病。但此法优点是表面比较平整，故可用于流速不大、不承受风浪淘刷的渠道护坡工程。

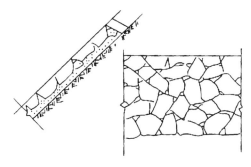

图 4-1 花缝砌筑法示意图

2) 平缝砌筑法。平缝砌筑法一般多适用于干砌块石的施工，如图 4-2 所示。砌筑时将石块宽面与坡面竖向垂直，与横向平行。砌筑前，安放一块石块必须先进行试放，不合适处应用小锤修整，使石缝紧密，最好不塞或少塞石子。这种砌法横向设有通缝，但竖向直缝必须错开。如砌缝底部或块石拐角处有空隙时，则应选用适当的片石塞满填紧，以防止底部砂砾垫层由缝隙淘出，造成坍塌。

干砌块石是依靠块石之间的摩擦力来维持其整体稳定的。若砌体发生局部移动或变形，将会导致整体破坏。边口部位是最易损坏的地方，所以，封边工作十分重要。对护坡

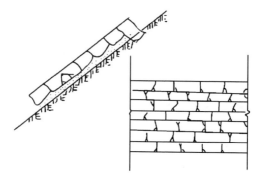

图 4-2　平缝砌筑法示意图

水下部分的封边,常采用大块石单层或双层干砌封边,然后将边外部分用黏土回填夯实,有时也可采用浆砌石埂进行封边。对护坡水上部分的顶边封边,则常采用比较大的方正块石砌成 40cm 左右宽度的平台,平台后所留的空隙用黏土回填分层夯实。对于挡土墙、闸翼墙等重力式墙身顶部,一般用混凝土封闭。

(3) 干砌石常见质量施工缺陷。造成干砌石施工缺陷的原因主要是由于砌筑技术不良、工作马虎、施工管理不善以及测量放样错漏等。缺陷主要有缝口不紧、底部空虚、鼓心凹肚、重缝、飞缝、飞口(即用很薄的边口未经砸掉便砌在坡上)、翘口(上下两块都是一边厚一边薄,石料的薄口部分互相搭接)、悬石(两石相接不是面的接触,而是点的接融)、浮塞叠砌、严重蜂窝以及轮廓尺寸走样等,如图 4-3 所示。

(4) 干砌石施工质量控制要点。

1) 干砌石工程在施工前,应进行基础清理工作。

2) 凡受水流冲刷和浪击作用的干砌石工程中采用竖立砌法(即石块的长边与水平面或斜面呈垂直方向)砌筑,以期空隙为最小。

3) 干砌块石的墙体露出面必须设丁石(拉结石),丁石要均匀分布。同一层的丁石长度,如墙厚等于或小于 40cm 时,丁石长度应等于墙厚;如墙厚大于 40cm,则要求同一层内外

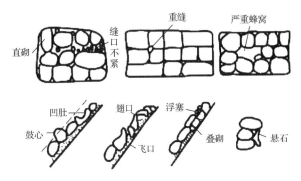

图 4-3　干砌石缺陷

的丁石相互交错搭接,搭接长度不小于 15cm,其中一块的长度不小于墙厚的 2/3。

4) 护坡干砌石应自坡脚开始自下而上进行。

5) 砌体缝口要砌紧,空隙应用小石填塞紧密,防止砌体在受到水流的冲刷或外力撞击时滑脱沉陷,以保持砌体的坚固性。一般规定干砌石砌体空隙率应不超过 30%～50%。

6) 干砌石护坡的每一块石顶面一般不应低于设计位置 5cm,不高出设计位置 15cm。

2. 浆砌石砌筑

(1) 砌筑工艺。浆砌石工程砌筑的工艺流程如图 4-4 所示。

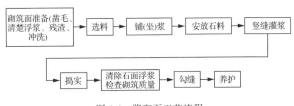

图 4-4　浆砌石工艺流程

1) 铺筑面准备。对开挖成形的岩基面,在砌石开始之前应将表面已松散的岩块剔除,具有光滑表面的岩石须人工凿毛,并清除所有岩屑、碎片、泥沙等杂物。土壤地基按设计要求处理。

对于水平施工缝，一般要求在新一层块石砌筑前凿去已凝固的浮浆，并进行清扫、冲洗，使新旧砌体紧密结合。对于临时施工缝，在恢复砌筑时，必须进行凿毛、冲洗处理。

2）选料。砌筑所用石料，应是质地均匀，没有裂缝，没有明显风化迹象，不含杂质的坚硬石料。严寒地区使用的石料，还要求具有一定的抗冻性。

3）铺（坐）浆。对于块石砌体，由于砌筑面参差不齐，必须逐块坐浆、逐块安砌，在操作时还需认真调整，务使坐浆密实，以免形成空洞。

坐浆一般只宜比砌石超前 0.5～1m，坐浆应与砌筑相配合。

4）安放石料。把洗净的湿润石料安放在坐浆面上，用铁锤轻击石面，使坐浆开始溢出为度。

石料之间的砌缝宽度应严格控制，采用水泥砂浆砌筑时，块石的灰缝厚度一般为 2～4cm，料石的灰缝厚度为 0.5～2cm。采用小石混凝土砌筑时，一般为所用骨料最大粒径的 2～2.5 倍。

安放石料时应注意，不能产生细石架空现象。

5）竖缝灌浆。安放石料后，应及时进行竖缝灌浆。一般灌浆与石面齐平，水泥砂浆用捣插棒捣实，待上层摊铺坐浆时一并填满。

6）振捣。水泥砂浆常用捣棒人工插捣，小石混凝土一般采用插入式振动器振捣。应注意对角缝的振捣，防止重振或漏振。

每一层铺砌完 24～36h 后（视气温及水泥种类、胶结材料强度等级而定），即可冲洗，准备上一层的铺砌。

（2）浆砌石砌筑要点。

1）毛石砌体砌筑要点。毛石砌体采用铺浆法砌筑，砂浆必须饱满，叠砌面的粘灰面积应大于 80%；砌体的灰缝厚度宜为 20～30mm，石块间不得有相互接触现象。毛石砌体宜分皮卧砌，各皮石块间应通过对毛石自然形状进行敲打修整,使其能与先砌毛石基本吻合。

毛石块之间的较大空隙,应先填塞砂浆然后再嵌实碎石快,不得反其道而行之,即采用先摆好碎石块然后再填塞砂浆的方法。毛石应上下错缝,内外搭砌。不得采用外面侧立毛石,中间填心的砌筑方法;同时也不允许出现过桥石(仅在两端搭砌的石块)、铲口石(尖石倾斜向外的石块)和斧刃石(尖石向下的石头)。砌筑毛石基础的第一皮石块应坐浆,并将石块的大面向下,同时,毛石基础的转角处、交接处应用较大的平毛石砌筑。砌筑毛石墙体的第一皮及转角处、交接处和洞口,应采用较大的平毛石。

2)料石砌体砌筑要点。料石砌体也应该采用铺浆法砌筑。石砌体的砂浆铺设厚度应略高于规定的灰缝厚度,其高出厚度:细料石宜为 3～5mm;粗料石、毛料石宜为 6～8mm。砌体的灰缝厚度:细料石砌体不宜大于 5mm;粗料石、毛料石砌体不宜大于 20mm。料石基础的第一皮料石应坐浆丁砌,以上各层料石可按一顺一丁进行砌筑。料石墙体厚度等于一块料石宽度时,可采用全顺砌筑形式;料石墙体等于两块料石宽度时,可采用两顺一丁或丁顺组砌的形式。

在料石和毛石或砖的组合墙中,料石砌体、毛石砌体、砖砌体应同时砌筑,并每隔 2～3 皮料石层用"丁砌层"与毛石砌体或砖砌体拉结砌合。"丁砌层"的长度宜与组合墙厚度相同。

(3)勾缝与伸缩缝。

1)坡面勾缝。石砌体表面进行勾缝的目的主要是加强砌体整体性,同时还可增加砌体的抗渗能力,另外也美化外观。

勾缝按其形式可分为凹缝、平缝、凸缝等,如图 4-5 所示。凹缝又可分为半圆凹缝、平凹缝;凸缝可分为平凸缝、半圆凸缝、三角凸缝等。

勾缝的程序是在砌体砂浆未凝固以前,先沿砌缝将灰缝剔深 20～30mm 形成缝槽,待砌体完成砂浆凝固以后再进行勾缝。勾缝前,应将缝槽冲洗干净,自上而下,不整齐处应修

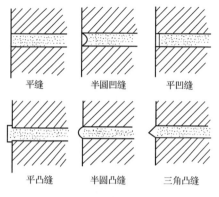

图 4-5　石砌体勾缝形式

整。勾缝的砂浆宜用水泥砂浆,砂用细砂。砂浆稠度要掌握好,过稠勾出缝来表面粗糙不光滑,过稀容易坍落走样。最好不使用火山灰质水泥,因为这种水泥干缩性大,勾缝容易开裂。砂浆强度等级应符合设计规定,一般应高于原砌体的砂浆强度等级。

勾凹缝时,先用铁钎子将缝修凿整齐,再在墙面上浇水湿润,然后将浆勾入缝内,再用板条或绳子压成凹缝,用灰抿赶压光平。凹缝多用于石料方正、砌得整齐的墙面。勾平缝时,先在墙面洒水,使缝槽湿润后,将砂浆勾于缝中赶光压平,使砂浆压住石边,即成平缝。勾凸缝时,先浇水润湿缝槽,用砂浆打底与石面相平,而后用扫把扫出麻面,待砂浆初凝后抹第二层,其厚度约为1cm,然后用灰抿拉出凸缝形状。凸缝多用于不平整石料。砌缝不平时,把凸缝移动一点,可使表面美观。

砌体的隐蔽回填部分,可不专门做勾缝处理,但有时为了加强防渗,应事前在砌筑过程中,用原浆将砌缝填实抹平。

2) 伸缩缝。浆砌体常因地基不均匀沉陷或砌体热胀冷缩可能导致产生裂缝。为避免砌体发生裂缝,一般在设计中均要在建筑物某些接头处设置伸缩缝(沉陷缝)。施工时,可按照设计规定的厚度、尺寸及不同材料做成缝板。缝板有油毛毡(一般常用三层油毛毡刷柏油制成)、柏油杉板(杉板两面刷柏油)等,其厚度为设计缝宽,一般均砌在缝中。如采用前者,则需先立样架,将伸缩缝一边的砌体砌筑平整,然后贴上油毡,再砌另一边;如采用沥青杉板做缝板,最好是架好缝板,两面同时等高砌筑,不需再立样架。

(4)浆砌石常见施工质量缺陷。

1)竖向通缝。现象为用乱毛石砌筑的墙体,顶头缝上下皮贯通,在转角和丁字墙接槎处常发现。主要形成原因:乱毛石形状不规则、大小不等,组砌时须考虑左右、上下、前后的交接,难度较大,往往忽视上下各皮顶头缝的位置,而未错开。临时间断处分段施工时留槎不正确,在墙角和丁字墙接槎处留直槎。

2)砂浆不饱满。现象为石砌体中石块和砂浆黏结不牢。有明显的孔隙;石块之间没有砂浆,而直接接触;卧缝浆铺得不严等,致使石砌体的承载能力降低和整体性差。原因有:石砌体砌筑时灰缝过大、砂浆收缩后与石块脱离;石块在砌筑时不洒水,在气温高而干燥季节施工时,石块吸收砂浆中的水分,影响砌体强度;在石砌体砌筑时,采用灌浆法施工,造成砂浆不饱满;砌体的一次砌筑高度过高,造成灰缝变形、石块错动;砂浆初凝后被上皮石块碰掉。

3)勾缝砂浆脱落、开裂。现象是勾缝砂浆与砌体黏结不牢,出现缝隙,易造成渗水甚至漏水。原因有:砂浆中的砂子含泥量过大,影响石块和砂浆的黏结力;石砌体灰缝过宽,而又采用原浆勾缝的施工方法,砂浆由于自重引起滑坠开裂;砌石过程中未及时刮缝,或勾缝前缝内积灰未清除;砂浆含泥量过大,养护不及时,使砂浆干裂脱落。

(5)砌体养护。浆砌石砌体完成后,需用麻袋或草覆盖,并经常洒水养护,保持表面潮湿。养护时间一般不少于5~7d,冬季期间不再洒水,而应用麻袋覆盖保温。在砌体未达到要求的强度之前,不得在其上任意堆放重物或修凿石块,以免砌体受振动破坏。

第二节 浆砌石基础

一、浆砌石基础的砌筑步骤

1. 基槽的准备

砌筑基础前,应校核放线尺寸,允许偏差应符合表4-1的规定。

表4-1 放线尺寸的允许偏差

长度 L、宽度 B/m	允许偏差 $/mm$	长度 L、宽度 B/m	允许偏差 $/mm$
L(或 B)≤30	±5	L(或 B)≤30	±15
30<L(或 B)≤60	±10	30<L(或 B)≤60	±20

基槽或基础垫层已完成验收,并办完隐检手续。

2. 立线杆和拉准线

在基槽两端的转角处,每端各立两根木杆,再横钉一木杆连接,在立杆上标出各大放脚的标高。在横杆上钉上中心线钉及基础边线钉,根据基础宽度拉好立线,如图4-6所示。然后在边线和阴阳角(内、外角)处先砌两层较方整的石块,以此固定准线。砌阶梯形毛石基础时,应将横杆上的立线按各阶梯宽度向中间移动,移到退台所需的宽度,再拉水平准线。

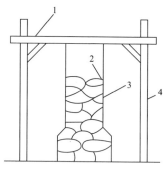

图 4-6 挂立线杆

1—横杆;2—准线;3—立线;4—立杆

还有一种拉线方法是:砌矩形或梯形断面的基础时,按照设计尺寸用 50mm×50mm 的小木条钉成基础断面形状(称样架),立于基槽两端,在样架上注明标高,两端样架相应标高用准线连接,作为砌筑的依据,如图 4-7 所示。立线控制基础宽窄,水平线控制每层高度及平整。砌筑时应采用双面挂线,每次起线高度长大放脚以上 800mm 为宜。

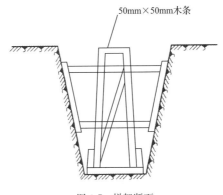

图 4-7　样架断面

3. 砌筑施工

基础施工应在地基验收合格后方可进行。基础砌筑前,应先检查基槽(或基坑)的尺寸和标高,清除杂物,接着放出基础轴线及边线。

砌第一层石块时,基底应坐浆。对于岩石基础,坐浆前还应洒水湿润。第一层使用的石块尽量挑大一些的,这样受力较好,并便于错缝。石块第一层都必须大面向下放稳,以脚踩不动即可。不要用小石块来支垫,要使石面平放在基底上,使地基受力均匀基础稳固。选择比较方正的石块,砌在各转角上,称为角石,角石两边应与准线相合。角石砌好后,再砌里、面的石块,称为面石;最后砌填中间部分,称为腹石。砌填腹石时应根据石块自然形状交错放置,尽量使石块间缝隙最小,再将砂浆填入缝隙中,最后根据各缝隙形状和大小选择合适的小石块放入用小锤轻击,使石块全部挤入缝隙中。禁止采用先放小石块后灌浆的方法。

接砌第二层以上石块时，每砌一块石块，应先铺好砂浆，砂浆不必铺满、铺到边，尤其在角石及面石处，砂浆应离外边约 4.5cm，并铺得稍厚一些，当石块往上砌时，恰好压到要求厚度，并刚好铺满整个灰缝。灰缝厚度宜为 20～30mm，砂浆应饱满。阶梯形基础上的石块应至少压砌下级阶梯的 1/2，相邻阶梯的块石应相互错缝搭接。基础的最上一层石块，宜选用较大的块石砌筑。基础的第一层及转角处和交接处，应选用较大的块石砌筑。块石基础的转角及交接处应同时砌起。如不能同时砌筑又必须留槎时，应砌成斜槎。

块石基础每天可砌高度不应超过 4.2m。在砌基础时还必须注意不能在新砌好的砌体上抛掷块石，这会使已粘在一起的砂浆与块石受振动而分开，影响砌体强度。

二、浆砌石基础的砌筑要点

（1）砌第一皮毛石时，应选用有较大平面的石块，先在基坑底铺设砂浆，再将毛石砌上，并使毛石的大面向下。

（2）砌第一皮毛石时，应分皮卧砌，并应上下错缝、内外搭砌，不得采用先砌外面石块后中间填心的砌筑方法。石块间较大的空隙应先填塞砂浆，后用碎石嵌实，不得采用先摆碎石后塞砂浆或干填碎石的方法。

（3）砌筑第二皮及以上各皮时，应采用坐浆法分层卧砌，砌石时首先铺好砂浆，砂浆不必铺满，可随砌随铺，在角石和面石处，坐浆略厚些，石块砌上去将砂浆挤压成要求的灰缝厚度。

（4）砌石时应根据空隙大小、槎口形状选用合适的石料先试砌试摆一下，尽量使缝隙减少，接触紧密。但石块之间不能直接接触形成干缝，同时也应避免石块之间形成空隙。

（5）砌石时，大、中、小毛石应搭配使用，以免将大块都砌在一侧，而另一侧全用小块，造成两侧不均匀，使墙面不平衡而倾斜。

（6）砌石时，先砌里外两面，长短搭砌，后填砌中间部分，但不允许将石块侧立砌成立斗石，也不允许先把里外皮砌成长向两行。

（7）毛石基础每 0.7m² 且每皮毛石内间距不大于 2m 设置一块拉结石，上下两皮拉结石的位置应错开，立面砌成梅花形。拉结石宽度：如基础宽度等于或小于 400mm，拉结石宽度应与基础宽度相等；若基础宽度大于 400mm，可用两块拉结石内外搭接，搭接长度不应小于 150mm，且其中一块长度不应小于基础宽度的 2/3。

（8）阶梯形毛石基础，上阶的石块应至少压砌下阶石块的 1/2，如图 4-8 所示；相邻阶梯毛石应相互错缝搭接。

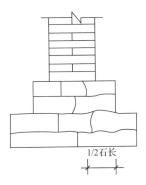

1/2石长

图 4-8　阶梯形毛石基础砌法

（9）毛石基础最上一皮，宜选用较大的平毛石砌筑。转角处、交接处和洞口处应选用较大的平毛石砌筑。

（10）有高低台的毛石基础，应从低处砌起，并由高台向低台搭接，搭接长度不小于基础高度。

（11）毛石基础转角处和交接处应同时砌起，如不能同时砌起又必须留槎时，应留成斜槎，斜槎长度应不小于斜槎高度，斜槎面上毛石不应找平，继续砌时应将斜槎面清理干净，浇水湿润。

第三节 浆砌石挡土墙

浆砌石挡土墙一般采用重力式挡土墙,重力式挡土墙的构造必须满足强度与稳定性的要求,同时应考虑就地取材,经济合理、施工养护的方便与安全。

重力式挡土墙的墙身构造如图 4-9 所示。

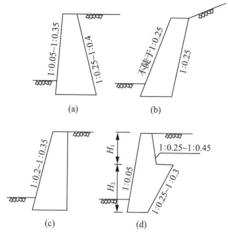

图 4-9 挡土墙构造

浆砌石挡土墙一般砌筑工艺与浆砌石砌筑工艺基本相同,这里不再赘述。其质量控制要注意:砌筑块石挡土墙时,块石的中部厚度不宜小于 20cm;每砌 3～4 皮为一分层高度,每个分层高度应找平一次;外露面的灰缝厚度不得大于4cm,两个分层高度间的错缝不得小于 8cm,如图 4-10 所示。

料石挡土墙宜采用同皮内丁顺相间的砌筑形式。当中间部分用块石填筑时,丁砌料石伸入块石部分的长度应小于 20cm。

为避免因地基不均匀沉陷而引起墙身开裂,根据地基地质条件的变化和墙高、墙身断面的变化情况需设置沉降缝。

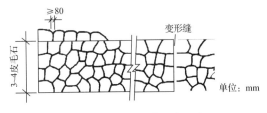

图 4-10 浆砌块石挡土墙立面

一般将沉降缝和伸缩缝合并设置,每隔 10～25m 设置一道,如图 4-11 所示。缝宽为 2～3cm,自墙顶做到基底。缝内沿墙的内、外、顶三边填塞沥青麻筋或沥青木板,塞入深度不小于 0.2m。

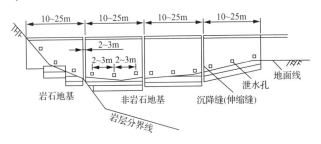

图 4-11 沉降缝与伸缩缝

挡土墙应做好排水。挡土墙排水设施的作用在于疏干墙后土体中的水和防止地表水下渗后积水,以免墙后积水致使墙身承受额外的静水压力;减少季节性冰冻地区填料的冻胀压力;消除黏性土填料浸水后的膨胀压力。

挡土墙的排水措施通常由地面排水和墙身排水两部分组成。地面排水主要是防止地表水渗入墙后土体或地基,地面排水措施有:

(1) 设置地面排水沟,截引地表水;

(2) 夯实回填土顶面和地表松土,防止雨水和地面水下渗,必要时可设铺砌层;

(3) 路堑挡土墙趾前的边沟应予以铺砌加固,以防止边沟水渗入基础。

墙身排水主要是为了排除墙后积水,通常在墙身的适当高度处布置一排或数排泄水孔,如图 4-12 所示。泄水孔的尺寸可视泄水量的大小分别采用 0.05m×0.1m、0.1m×0.1m、0.15m×0.2m 的方孔或直径为 0.05～0.1m 的圆孔。孔眼间距一般为 2～3m,干旱地区可予增大,多雨地区则可减小。浸水挡土墙孔眼间距一般为 1.0～1.5m,孔眼应上下左右交错设置。最下一排泄水孔的出水口应高出地面 0.3m;如为路堑挡土墙,应高出边沟水位 0.3m;浸水挡土墙则应高出常水位 0.3m。泄水孔的进水口部分应设置粗粒料反滤层,以防孔道淤塞。泄水孔应有向外倾斜的坡度。在特殊情况下,墙后填土采用全封闭防水,一般不设泄水孔。干砌挡土墙可不设泄水孔。

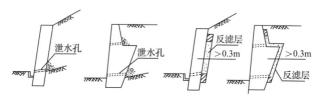

图 4-12　挡土墙泄水孔及反滤层

第四节　浆砌石拱圈

一、砌筑要求

1. 拱圈的石料选择

石块的厚度不应小于 15cm,石块的宽度应大于其厚度的 1.5 倍,石块的长度应大于厚度的 2～4 倍。

2. 拱圈的砌缝

浆砌拱圈的砌缝应力求均匀,相邻两行拱石的平缝应相互错开,其相错交互距离不得小于 10cm。径向缝应垂直于拱轴线。拱圈的任一层及任一纵排的石块,应分别与邻层和邻排的石块形成长度不小于 100mm 的径向搭接,砌缝宽度对于石砌体不大于 40mm,对块石砌体不大于 30mm,对粗料石为 10～20mm。

(1) 拱圈的砌筑。拱圈可分为三段,其长度大致相等。先砌筑拱脚和拱顶部分,然后砌筑拱跨 1/4 及 3/4 附近部分,两半跨应同时对称地进行。

(2) 拱圈的支架拆除。当拱圈中水泥砂浆强度能够承载静荷载重的应力时,才能拆除拱圈的支架。采用普通硅酸盐水泥砂浆砌筑的石拱,在气温为 15℃ 以上时,拆除支架的时间,当跨度在 10m 以下时最少不小于 15d;当跨度大于 10m 以上时最少不小于 20d;当气温低于 15℃ 时,每降低 1℃,则拆除支架的时间应推迟一天。

二、施工工艺

浆砌拱圈一般选用小跨度的单孔桥拱、涵拱施工,施工方法及步骤如下:

1. 拱圈石料的选择

拱圈的石料一般为经过加工的料石,石块厚度不应小于 15cm。石块的宽度为其厚度的 1.5～2.5 倍,长度为厚度的 2～4 倍,拱圈所用的石料应凿成楔形(上宽下窄),如不用楔形石块时,则应用砌缝宽度的变化来调整拱度,但砌缝厚薄相差最大不应超过 1cm,每一石块面应与拱压力线垂直。因此拱圈砌体的方向应对准拱的中心。

2. 拱圈的砌缝

浆砌拱圈的砌缝应力求均匀,相邻两行拱石的平缝应相互错开,其相错的距离不得小于 10cm。砌缝的厚度决定于所选用的石料,选用细料石,其砌缝厚度不应大于 1cm;选用粗料石,砌缝不应大于 2cm。

3. 拱圈的砌筑程序与方法

拱圈砌筑之前,必须先做好拱座。为了使拱座与拱圈结合好,须用起拱石。起拱石与拱圈相接的面,应与拱的压力线垂直。

当跨度在 10m 以下时,拱圈的砌筑一般应沿拱的全长和全厚,同时由两边起拱石对称地向拱顶砌筑;当跨度大于 10m 以上时,则拱圈砌筑应采用分段法进行。分段法是把拱圈分为数段,每段长可根据全拱长来决定,一般每段长 3~6m。各段依一定砌筑顺序进行,如图 4-13 所示,以达到使拱架承重均匀和拱架变形最小的目的。

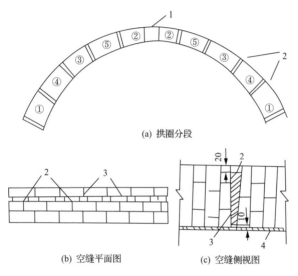

(a) 拱圈分段

(b) 空缝平面图　　　(c) 空缝侧视图

图 4-13　拱圈分段及空缝结构图

1—拱顶石;2—空缝;3—垫块;4—拱模板;①②③④⑤—砌筑顺序

拱圈各段的砌筑顺序是:先砌拱脚,再砌拱顶,然后砌 1/4 处,最后砌其余各段。砌筑时一定要对称于拱圈跨中央。各段之间应预留一定的空缝,防止在砌筑中拱架变形面产生裂缝,待全部拱圈砌筑完毕后,再将预留空缝填实。

三、施工质量控制

1. 拱圈砌筑一般项目质量要求

拱圈砌筑一般项目允许偏差见表 4-2。

表 4-2

序号	检查项目	允许偏差/mm		检验频率		检验方法
				范围	点数	
1	轴线和砌体外平面偏差	有镶面	+20,-10	每跨	5	用经纬仪检测拱脚、拱顶 L/4 处
		无镶面	+30,-10			
2	拱圈厚度	+3%拱圈厚,0				钢尺量拱脚、拱顶 L/4 处
3	镶面石表面错位	粗料石、砌块	3		10	接线用钢尺量
		块石	5			
4	内弧线偏离设计弧线	跨径≤30m	±20		5	用水准仪检测拱脚、拱顶 L/4 处
		跨径>30m	±1/1500 跨径			

勾缝平顺、无脱落现象。拱圈轮廓线条清晰圆滑,表面整齐。

2. 拱圈砌筑主控项目质量要求

(1)石料的规格、尺寸、种类、材质和强度等级应符合设计要求。同一产地的石材至少抽验一组进行抗压强度检验,最冷月平均气温低于零下 5℃和浸水潮湿地区,应各增加一组抗冻性能指标和软化系数检验的试件。

(2)砌筑前应检查支架、模板、拱架等,在质量和安全方面符合规定要求后,方可进行下道工序施工。

(3)砌筑程序、砌筑方法、拱石分块位置、灰缝宽度、分段、分环砌筑要求,空缝设置和填塞要求应符合设计要求。

(4)砌筑时应错缝、坐浆挤紧,嵌缝料和砂砾要饱满无空洞;砌缝要均称,不做宽缝,不以大堆砂浆填隙,不勾假缝。

(5)拱圈不得出现拱顶或四分点区段局部下挠的现象。

第五节 砌 石 坝

砌石坝又称圬工坝,它是由一定规格要求的石料经浆砌或干砌而成的一种挡水建筑物。浆砌石坝是采用胶结材料(主要指砂浆或混凝土),把单个的石块砌筑联结在一起而成的一种挡水建筑物。

我国的砌石坝建筑历史悠久,砌石体采用混凝土作为胶结材料,其强度和密实度有所提高,使大坝有较好的抗渗性和耐久性。目前,全国多数砌石坝的面石砌筑仍采用水泥砂浆作为胶结材料,而腹石砌筑则广泛采用一、二级配混凝土作为胶结材料。

砌石坝就取材而言属当地材料坝,而其工作特点又近似混凝土坝。砌石坝施工技术相对比较简单,易为广大群众掌握,只要对当地民工稍加培训即能掌握操作要领;对施工机械设备要求比较灵活、简便;筑坝所需的材料如石料、砂砾料,可以就地取材,钢材、水泥和木材的消耗量较混凝土坝少,可节省投资;施工导流、度汛问题与混凝土坝相同,较土坝容易解决。由于砌石坝具有以上特点,所以目前在我国石料资源和人力资源丰富、建设资金相对不足、施工机械化程度较低的地区,采用砌石坝这种坝型修建中小型水利水电工程尤为适应。

一、施工准备

1. 技术准备

(1)测量与放样。

1)施工控制网选择。

2)砌石坝结构位置、尺寸及坝面平整度控制。

3)坝轴线的施工测量桩距及每层放样控制高度。

(2)施工组织设计。

1)施工场地布置及临时设施设计(如场内、外交通方案设计;风、水、电布置方案;施工辅助企业设计等)。

2)施工导流、度汛设计。

3）料场规划及砂石骨料、石料（含粗料石、块石和毛石）开采、加工、运输、储备方案选择。

4）胶结材料配合比设计。

5）施工总进度计划编制。

6）坝基开挖及地基处理施工设计。

7）坝体砌筑及混凝土施工设计。

8）其他项目和部位施工设计。

9）安全生产与文明施工方案。

10）施工机械选型配套。

11）确定施工质量检查、控制、评定方法。

2. 材料准备

1）石料准备。石料的质量要求，石料的开采、加工、运输等准备。

2）胶结材料准备。水泥、砂、水、砾（碎石）、粉煤灰掺和料、外加剂等准备。

3）配合比选择。

3. 砌石坝的施工特点

（1）筑坝所需的材料如石料、砂砾料，可以就地取材；钢材、水泥和木材的消耗量较混凝土坝小，简化对外交通运输设施，节省投资。

（2）砌石坝较其他当地材料坝（如土坝、土石坝）工程量小得多，坝面允许过水，施工导流措施较简便，通常是底孔和预留缺口导流度汛，简单方便。

（3）多数砌石坝的面石采用水泥砂浆砌筑料石，腹石通常采用混凝土砌筑毛石或块石，胶结材料混凝土约占砌石体体积的 40%～50%。与混凝土坝相比，单位体积砌体水泥用量少，且坝体砌筑上升速度慢，散热条件好，可减少伸缩缝数量，有的砌石坝甚至不分缝，一般只需采用简单的温控措施。

（4）砌石坝施工技术比较简单，易为广大群众掌握，可充分利用当地劳力，对施工机械设备要求比较灵活、简便。

二、基础处理

1. 河床基础垫层混凝土

一般河床段基础垫层混凝土的体积都较大,尤其重力坝更是如此。砌石坝工程施工中,所配置的混凝土生产能力一般较小,应采用分段分块进行浇筑,按施工缝面处理。

2. 岸坡基础垫层混凝土

(1)当设计垫层混凝土强度等级与砌石体混凝土强度等级相同时,可采取同层连续浇筑法。通常岸坡垫层混凝土厚度在1~2m,仓面面积较小,可以采用通仓浇筑法。

(2)当设计垫层混凝土强度等级与砌石体混凝土不同时,可采取预留间隙浇筑法。

三、施工工艺

基础垫层施工后,即可进行坝体砌筑。腹石砌筑是砌石坝施工的关键工作,砌筑质量直接影响到坝体的整体强度和防渗效果。故应根据不同坝型,合理选择砌筑方法,严格控制施工工艺。砌石坝施工主要程序如图4-14所示。

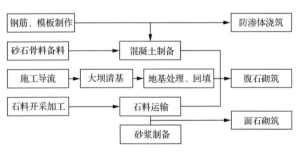

图 4-14　砌石坝施工流程

1. 浆砌石拱坝砌筑

(1)全拱逐层全断面均匀上升砌筑。这种方法是沿坝体全长砌筑,每层面石、腹石同时砌筑,逐层上升。一般采用一顺一丁或一顺二丁砌筑法,如图4-15(a)所示。

(2)全拱逐层上升,面石、腹石分开砌筑。即沿拱圈全长先砌面石,再砌腹石。用于拱圈断面大,坝体较高的拱坝,如

图 4-15（b）所示。

（3）全拱逐层上升，面石内填混凝土。即沿拱圈全长先砌内外拱圈面石，形成厢槽，再在槽内浇筑混凝土。这种方法用于拱圈较薄，混凝土防渗体设在中间的拱坝，如图 4-15（c）所示。

（4）分段砌筑，逐层上升。即将拱圈分成若干段，每段先砌四周面石，然后再砌筑腹石，逐层上升。这种方法适用于跨度较大的拱坝，便于劳动组合，但增加了径向通缝。

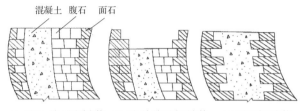

(a) 面石、腹石同时砌筑 (b) 面石与腹石分开砌筑 (c) 面石分厢砌筑

图 4-15　全拱逐层上升砌筑示意图

2. 浆砌重力坝砌筑

重力坝体积比拱坝大，砌筑工作面开阔，一般采用沿坝体全长逐层砌筑，平行上升，砌筑不分段的施工方法。但当坝轴线较长、地基不均匀时，也可分段砌筑，每个施工段逐层均匀上升。若不能保证均匀上升，则要求相邻砌筑面高差不大于 1.5m，并做成台阶形连接。重力坝砌筑，多用上下层错缝，水平通缝法施工。为了减少水平渗漏，可在坝体中间砌筑一水平错缝段。

四、砌体养护

为使水泥得到充分的水化反应，提高胶结材料的早期强度，防止胶结材料干裂，应在砌体胶结材料终凝后（一般砌完 6～8h）及时洒水养护 14～21d，最低限度不得少于 7d。养护方法是配专人洒水，经常保持砌体湿润，也可在砌体上加盖湿草袋，以减少水分的蒸发。夏季的洒水养护还可起降温的作用。由于日照长、气温高、蒸发快，一般在砌体表面要覆盖草袋、草帘等,白天洒水 7～10 次,夜间蒸发少且有露水,只需洒水 2～3 次即可满足养护需要。

　　冬季当气温降至 0℃ 以下时,要增加覆盖草袋、麻袋的厚度,加强保温效果。冰冻期间不得洒水养护。砌体在养护期内应保持正温。砌筑面的积水、积雪应及时清除,防止结冰。冬季水泥初凝时间较长,砌体一般不宜采用洒水养护。

　　养护期间不能在砌体上堆放材料、修凿石料、碰动块石,否则会引起胶结面的松动脱离。砌体后隐蔽工程的回填,在常温下一般要在砌后 28d 方可进行,小型砌体可在砌后 10～12d 进行回填。

五、施工质量控制

　　砌石工程施工应符合现行行业标准《浆砌石坝施工技术规定》(SD 120—84)的规定,检查项目包括原材料、半成品及砌体的质量检查。

　　1. 浆砌石体的质量检查

　　砌石工程在施工过程中,要对砌体进行抽样检查。常规的检查项目及检查方法有下列几种。

　　(1) 浆砌石体表观密度检查。浆砌石体的表观密度检查在质量检查中占有重要的地位。浆砌体表观密度检查有试坑灌砂法与试坑灌水法两种。以灌砂、灌水的手段测定试坑的体积,并根据试坑挖出的浆砌石体各种材料重量,计算出浆砌石体的单位重。取样部位、试坑尺寸及采集取样应有足够的代表性。

　　(2) 胶结材料的检查。砌石所用的胶结材料,应检查其拌和均匀情况,并取样检查其强度。

　　(3) 砌体密实性检查。砌体的密实性是反映砌体砌缝与饱满的程度,衡量砌体砌筑质量的一个重要指标。砌体的密实性以其单位吸水量表示。其值愈小砌体的密实性愈好。单位吸水量用压水试验进行测定。

　　2. 砌筑质量的简易检查

　　(1) 在砌筑过程中翻撬检查。对已砌砌体抽样翻起,检查砌体是否符合砌筑工艺要求。

（2）钢钎插扎注水检查。竖向砌缝中的胶结材料初凝后至终凝前，以钢钎沿竖缝插孔，待孔眼成形稳定后往孔中注入清水，观察 5～10min，如水面无明显变化，说明砌缝饱满密实，若水迅速漏失，表明砌体不密。此法可在砌筑过程中经常进行，需注意孔壁不应被钢钎插入人为压实而影响检查的真实性。

（3）外观检查。砌体应稳定，灰缝应饱满，无通缝；砌体表面平整，尺寸符合设计要求。

第五章

砌块砌体工程

第一节　混凝土预制块护坡

一、预制块制作

混凝土预制块护坡一般采用塑模进行预制块的生产。预制块外观:尺寸准确、整齐统一、棱角分明、表面清洁平整;预制块为正六边形,边长为300mm,厚80～120mm。混凝土预制场管理人员要定期检测预制块的形状、尺寸,经检测不合格的塑模禁止使用;监督作业队伍按混凝土施工配料单进行配料,预制块表面应整齐美观。混凝土预制块外观要平整、光滑,外露面不允许有蜂窝等不良现象。外形尺寸应符合设计要求,尺寸偏差在容许偏差范围之内。不允许用砂浆刮抹混凝土预制块表面。

混凝土预制块生产过程中,一般情况下采用自然养护。当夏季气温高、湿度低,混凝土预制块浇筑初凝后立即养护。养护时间14d,以草包覆盖,在开始养护的一周内,昼夜专人负责洒水并时刻保持草包湿润,以后养护时间里每天洒水4次左右,并保持草包湿润。

二、混凝土预制块贮存、搬运

(1)混凝土预制块浇筑成形达48h后,应及时堆放,以免占用场地,但堆放时应轻拿轻放,堆放整齐有序。

(2)混凝土预制块在搬运过程中要切实做到人工装车、卸车。装车时混凝土预制块应相互挤紧,以免在运输过程中撞坏;卸车时做到轻拿轻放,禁止野蛮装卸,不允许自卸车直接翻倒卸混凝土预制块。

（3）混凝土预制块在运输过程中，司机应做到匀速行驶，避免大的颠簸，确保混凝土预制块不受损坏。

三、坡面修整及砂垫层铺筑

修坡时应严格控制坡比，坡面平整度应达到规范要求。为使混凝土预制块砌筑的坡面平整度达到规定要求，坡面修整采用人工拉线修整，坡面土料不足部分人工填筑并洒水夯实，使之达到验收条件。随后进行砂垫层铺筑，砂垫层厚10cm，自下而上铺平并压实。

四、土工布的铺设

土工布进场后，对其各项指标分析，检测结果符合设计要求方准使用。

土工布的铺设搭接宽度必须大于 40cm，铺设长度要有一定富余量，保证土工布铺设后不影响护坡的断面尺寸。

五、预制混凝土砌筑

混凝土预制块铺设重点是控制好两条线和一个面，两条线是坡顶线和底脚线，一个面是铺砌面。保证上述两条线的顺畅和护砌面的平整，对整个护坡外观质量的评价至关重要。

预制混凝土块砌筑必须从下往上的顺序砌筑，砌筑应平整、咬合紧密。砌筑时依放样桩纵向拉线控制坡比，横向拉线控制平整度，使平整度达到设计要求。混凝土预制块铺筑应平整、稳定、缝线规则；坡面平整度用 2m 靠尺检测凹凸不超过 1cm；预制块砌筑完后，应经一场降雨或使混凝土块落实再调整其平整度后用 M10 砂浆勾缝。勾缝前先洒水，将预制块湿润，用钢丝勾将缝隙掏干净，确保水泥砂浆把缝塞满。勾缝要求表面抹平，整齐美观，勾缝后应及时洒水养护，养护期不少于一周，缝线整齐、统一。

第二节 砖砌体砌筑

一、砌砖施工的准备工作

1. 砂浆的制备

按监理批复的配料单准备材料，配制砂浆。工程所用的材料应有产品合格证书、产品性能检测报告。砖、水泥、外加剂等还应有材料主要性能的进场复验报告。

2. 砖的准备

砖的品种、强度等级必须符合设计要求，并应规格一致。用于清水墙、柱表面的砖，应边角整齐、色泽均匀。在砌砖前应提前 1～2d 将砖堆浇水湿润，以使砂浆和砖能很好地黏结。严禁砌筑前临时浇水，以免因砖表面存有水膜而影响砌体质量。施工中可将砖砍断，检查吸水深度，如吸水深度达到 10～20mm，即认为合格。普通砖、空心砖的含水率宜在 10%～15%；灰砂砖、粉煤灰含水率宜在 5%～8%。含水率以水重占干砖重百分数计。

砖不应在脚手架上浇水，若砌筑时砖块干燥，可用喷壶适当补充浇水。

3. 施工机具的准备

砌筑前，必须按施工组织设计要求组织垂直和水平运输机械、砂浆搅拌机进场、安装、调试等工作。同时，还应准备脚手架、砌筑工具（如皮数杆、托线板）等。

二、砖基础砌筑

1. 作业条件

（1）基槽条件同石砌基础基槽要求（见第四章第二节）。

（2）置龙门板或龙门桩，标出建筑物的主要轴线，标出基础及墙身轴线与标高，并弹出基础轴线和边线；立好皮数杆（间距为 15～20m，转角处均应设立），办完预检手续。

（3）根据皮数杆最下面一层砖的标高，拉线检查基础垫层、表面标高是否合适，如第一层砖的水平灰缝大于 20mm 时，应用细石混凝土找平，不得用砂浆或在砂浆中掺细砖或碎石处理。

（4）常温施工时，砌砖前 1d 应将砖浇水湿润，砖以水浸入表面下 10～20mm 为宜；雨天作业不得使用含水率为饱和状态的砖。

（5）砌筑部位的灰渣、杂物应清除干净，基层浇水湿润。

（6）砂浆配合比应在试验室根据实际材料确定。准备好砂浆试模。应按试验确定的砂浆配合比拌制砂浆,并搅拌均匀。并按砂浆的拌制要求和使用要求拌制和使用。

(7) 基槽安全防护已完成,无积水,并通过了质检员的验收。

(8) 脚手架应随砌随搭设;运输通道应通畅,各类机具准备就绪。

2. 砌筑顺序

(1) 基底标高不同时,应从低处砌起,并应由高处向低处搭砌。当设计无要求时,搭接长度不应小于基础扩大部分的高度。

(2) 基础的转角处和交接处应同时砌筑。当不能同时砌筑时,应按规定留槎、接槎。

3. 砖基础砌筑

(1) 基础弹线。在基槽四角各相对龙门板的轴线标钉上拴上白线挂紧,沿白线挂线锤,找出白线在垫层面上的投影点,把各投影点连接起来,即基础的轴线。按基础图所示尺寸,用钢尺向两侧量出各道基础底部大放脚的边线,在垫层上弹上墨线。如果基础下没有垫层,无法弹线,可将中线或基础边线用大钉子钉在槽沟边或基底上,以便挂线。

(2) 设置基础皮数杆。基础皮数杆的位置,应设在基础转角(见图 5-1)、内外墙基础交接处及高低踏步处。基础皮数杆上应标明大放脚的皮数、退台、基础的底标高与顶标高以及防潮层的位置等。如果相差不大,可在大放脚砌筑过程中逐皮调整,灰缝可适当加厚或减薄(俗称提灰缝或杀灰缝),但要注意在调整中防止砖错层。

(3) 排砖摆底。砌筑基础大放脚时,可根据垫层上弹好的基础线按"退台压丁"的方法先进行摆砖摆底。具体方法是,根据基底尺寸边线和已确定的组砌方式及不同的砂浆,用砖在基底的一段长度上干摆一层,摆砖时应考虑竖缝的宽度,按"退台压丁"的原则进行,上、下皮砖错缝达 1/4 砖长,在转角处用"七分头"来调整搭接,避免立缝重缝。摆完后应

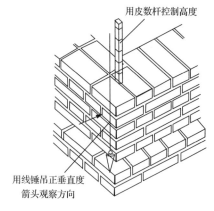

用皮数杆控制高度

用线锤吊正垂直度
箭头观察方向

图 5-1　基础皮数杆设置示意

经复核无误才能正式砌筑。为了砌筑时有规律可循,必须先在转角处将角盘起,再以两端转角为标准拉准线,按准线逐皮砌筑。当大放脚退台到实墙后,再按墙的组砌方法砌筑。排砖撂底工作的好坏,影响到整个基础的砌筑质量,必须严肃认真地做好。

常见排砖撂底方法,有六皮三收等高式大放脚(见图 5-2)和六皮四收间隔式大放脚(见图 5-3)两种。

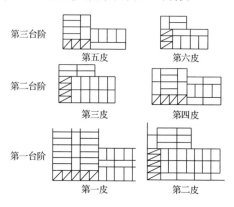

第三台阶　　　第五皮　　　　　第六皮

第二台阶　　　第三皮　　　　　第四皮

第一台阶　　　第一皮　　　　　第二皮

图 5-2　六皮三收等高式大放脚

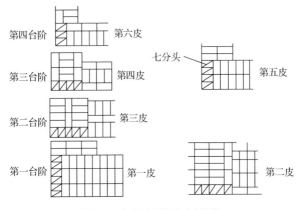

图 5-3　六皮四收间隔式大放脚

（4）盘角挂线。盘角即在房屋的转角、大角处立皮数杆砌好墙角。每次盘角高度不得超过五皮砖，并需用线锤检查垂直度和用皮数检查其标高有无偏差。如有偏差时，应在砌筑大放脚的操作过程中逐皮进行调整（俗称提灰缝或杀灰缝）。在调整中，应防止砖错层，即要避免"螺丝墙"情况。

（5）砌筑砖基础。

1）基础大放脚每次收台阶必须用尺量准尺寸，其中部的砌筑应以大角处准线为依据，不能用目测或砖块比量，以免出现误差。在收台阶完成后和砌基础墙之前，应利用龙门板的"中心钉"拉线检查墙身中心线，并用红铅笔将"中"字画在基础墙侧面，以便随时检查复核。

2）内外墙的砖基础均应同时砌筑。如因特殊原因不能同时砌筑时，应留设斜槎（踏步槎），斜槎长度不应小于斜槎的高度。基础底标高不同时，应由低处砌起，并由高处向低处搭接；如设计无具体要求时，其搭接长度不应小于大放脚的高度（见图 5-4）。

3）在基础墙的顶部、首层室内地面（±0.000）以下一皮砖 60mm 处，应设置防潮层。如设计无具体要求，防潮层宜采用 1：2.5 的水泥砂浆加适量的防水剂经机械搅拌均匀后

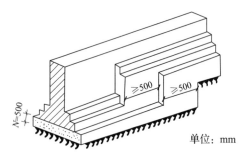

图 5-4 砖基础高低接头处砌法

铺设,其厚度为 20mm。抗震设防地区的建筑物严禁使用防水卷材作基础墙顶部的水平防潮层。

建筑物首层室内地面以下部分的结构为建筑物的基础,但为了施工方便,砖基础一般均只做到防潮层。

4)基础大放脚的最下一皮砖、每个大放脚台阶的上表层砖,均应采用横放丁砌砖所占比例最多的排砖法砌筑,此时不必考虑外立面上下一顺一丁相间隔的要求,以便增强基础大放脚的抗剪强度。基础防潮层下的顶皮砖也应采用丁砌为主的排砖法。

5)砖基础水平灰缝和竖缝宽度应控制在 8～12mm 之间,水平灰缝的砂浆饱满度不得小于 80%。砖基础中的洞口、管道、沟槽和预埋件等,砌筑时应留出或预埋,宽度超过 300mm 的洞口应设置过梁。

6)基底宽度为二砖半的大放脚转角处的组砌方法如图 5-5 所示。

7)基础转角处组砌的特点是穿过交接处的直通墙基础应采用一皮砌通与一皮从交接处断开相间隔的组砌形式;转角处的非直通墙的基础与交接处也应采用一皮搭接与一皮断开相间隔的组砌形式,并在其端头加七分头砖(3/4 砖长,实长应为 177～178mm)。

8)砖基础的转角处和交接处应同时砌筑,当不能同时砌筑时,应留置斜槎。

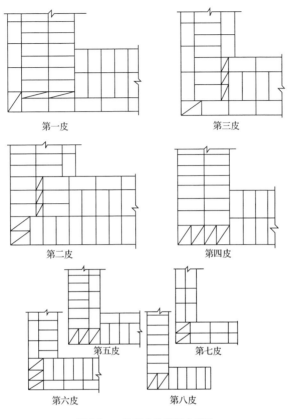

第一皮　　　　　　　　第三皮

第二皮　　　　　　　　第四皮

第五皮　　　　　　　　第七皮

第六皮　　　　　　　　第八皮

图 5-5　二砖半大放脚转角砌法

三、砖墙体砌筑

1. 砖的加工、摆放及墙厚分类

(1) 砖的加工及摆放。砌筑时根据需要打砍加工的砖，按其尺寸不同可分为"七分头""半砖""二寸头""二寸条"，如图 5-6 所示。

砌入墙内的砖，由于摆放位置不同，可分为卧砖(也称顺砖或眠砖)、陡砖(也称侧砖)、立砖以及顶砖，如图 5-7 所示。

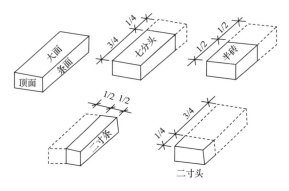

图 5-6 打砍砖

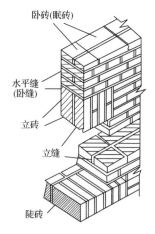

图 5-7 卧砖、陡砖、立砖图

砖与砖之间的缝统称灰缝。水平方向的叫水平缝或卧缝;垂直方向的缝叫立缝(也称头缝)。

(2)墙厚分类。墙厚的名称习惯以砖长的倍数来称呼,根据砖块的尺寸和数量可组合成不同厚度的墙体,见表 5-1。

表 5-1　　　　　　墙　厚　名　称　　　　（单位：mm）

墙厚名称	习惯称呼	标志尺寸	构造尺寸	墙厚名称	习惯称呼	标志尺寸	构造尺寸
半砖墙	12 墙	120	115	一砖半墙	37 墙	370	365
3/4 砖墙	18 墙	180	178	二砖墙	49 墙	490	490
一砖墙	24 墙	240	240	二砖半墙	62 墙	620	615

2. 砖墙的组砌形式

(1) 砖砌体的组砌原则。砖砌体的组砌要求上下错缝、内外搭接，以保证砌体的整体性和稳定性。同时组砌要有规律，少砍砖，以提高砌筑效率，节约材料。组砌方式必须遵循下面三个原则：

1) 砌体必须错缝。砖砌体是由一块一块的砖利用砂浆作为填缝和黏结材料，组砌成墙体和柱子。为避免砌体出现连续的垂直通缝，保证砌体的整体强度，必须上下错缝、内外搭砌，并要求砖块最少应错缝 1/4 砖长，且不小于 60mm。在墙体两端采用"七分头""二寸条"来调整错缝，如图 5-8 所示。

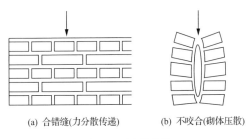

(a) 合错缝(力分散传递)　　　　(b) 不咬合(砌体压散)

图 5-8　砖砌体错缝

2) 墙体连接必须有整体性。为了使建筑物的纵横墙相连搭接成一整体，增强其抗震能力，要求墙的转角和连接处要尽量同时砌筑；如不能同时砌筑，必须先在墙上留出接槎(俗称留槎)，后砌的墙体要镶入接槎内(俗称咬槎)。砖墙接槎的砌筑方法合理与否、质量好坏，对建筑物的整体性影响很大。正常的接槎按规范规定采用两种形式：一种是斜槎，俗称"退槎"或"踏步槎",方法是在墙体连接处将待接砌墙的槎口砌成台阶形式,其高度一般不大于1.2m,长度不少于高度的2/3;另一种是直槎,俗称"马牙槎",是每隔一皮砌出墙外1/4砖,作为接槎之用,每隔500mm高度加2φ6拉结钢筋,每边伸入墙内不宜小于500mm。斜槎的做法如图5-9所示,直槎的做法如图5-10所示。

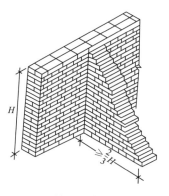

图 5-9　斜槎

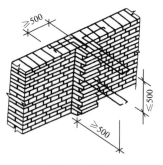

图 5-10　直槎

3) 控制水平灰缝厚度。砌体水平方向的缝叫卧缝或水平缝。砌体水平灰缝规定为8～12mm,一般为10mm。如果水平灰缝太厚,会使砌体的压缩变形过大,砌上去的砖会发生滑移,对墙体的稳定性不利;水平灰缝太薄则不能保证砂浆的饱满度和均匀性,会对墙体的黏结、整体性产生不利影响。

砌筑时,在墙体两端和中部架设皮数杆、拉通线来控制水平灰缝厚度。同时要求砂浆的饱满程度应不低于80%。

(2) 240mm×115mm×53mm 烧结普通砖墙常用的组砌形式。240mm×115mm×53mm 烧结普通砖砌筑实心墙时常用的组砌形式一般采用:一顺一丁、梅花丁、三顺一丁、两平一侧、全顺砌筑、全丁砌筑等。

1) 一顺一丁(又叫满丁满条法)。这种砌法第一皮排顺砖,第二皮排丁砖,间隔砌筑,其操作方便、施工效率高,又能保证搭接错缝,是一种常见的排砖形式(见图5-11)。一顺一丁法根据墙面形式不同又分为"十字缝"和"骑马缝"两种。两者的区别仅在于顺砌时条砖是否对齐。

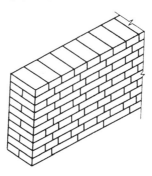

图 5-11　一顺一丁

2) 梅花丁。梅花丁是一面墙的每一皮均采用丁砖与顺砖左右间隔砌成,每一块丁砖均在上下两块顺砖长度的中心,上下皮砖竖缝相错 1/4 砖长(见图5-12)。该砌法灰缝整齐,外表美观,结构的整体性好,但砌筑效率低,适合砌筑一砖或一砖半的清水墙。当砖的规格偏差较大时,采用梅花丁砌法有利于减少墙面的不整齐性。

3) 三顺一丁。三顺一丁是一面墙的连续三皮全部采用顺砖与一皮全部采用丁砖上下间隔砌成,上下相邻两皮顺砖

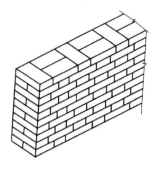

图 5-12　梅花丁

间的竖缝相互错开 1/2 砖长（125mm），上下皮顺砖与丁砖间竖缝相互错开 1/4 砖长（见图 5-13）。该砌法因砌顺砖较多，所以砌筑速度快，但因丁砖拉结较少，结构的整体性较差，在实际工程中应用较少，适合于砌筑一砖墙和一砖半墙（此时墙的另一面为一顺三丁）。

图 5-13　三顺一丁

4）两平一侧。两平一侧是指一面墙的连续两皮平砌砖与一皮侧立砌的顺砖上下间隔砌成。当墙厚为 3/4 砖时，平砌砖为顺砖，上下皮平砌顺砖的竖缝相互错开 1/2 砖长，上下皮平砌顺砖与侧砌顺砖的竖缝相错 1/2 砖长；当墙厚为 5/4 砖时，只上下皮平砌丁砖与平砌顺砖或侧砌顺砖的竖缝相错 1/4 砖长，其余与墙厚为 3/4 砖的相同（见图 5-14）。两平一侧砌法只适用于 3/4 砖和 5/4 砖墙。

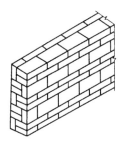

图 5-14　两平一侧

5）全顺砌筑。全顺砌筑是指一面墙的各皮砖均为顺砖，上下皮竖缝错开 1/2 砖长（见图 5-15）。此砌法仅适用于半砖墙。

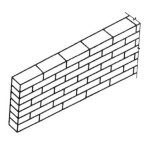

图 5-15　全顺

6）全丁砌筑。全丁砌法是指一面墙的各皮砖均为丁砖，上下皮竖缝错开 1/4 砖长，适于砌筑一砖、一砖半、二砖的圆弧形墙、烟囱筒身和圆井圈等（见图 5-16）。

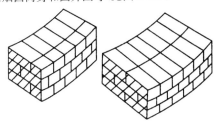

图 5-16　全丁

（3）多孔砖常用的组砌形式。其中代号 M（240mm×240mm×53mm）的多孔砖的组砌形式只有全顺，每皮均为顺砖，其抓孔平行于墙面，上下皮竖缝相互错开 1/2 砖长，如图 5-17 所示。

图 5-17　代号 M 多孔砖砌筑形式

代号 P（240mm×115mm×90mm）的多孔砖有一顺一丁及梅花丁两种组砌形式，一顺一丁是一皮顺砖与一皮丁砖相隔砌成，上下皮竖缝相互错开 1/4 砖长；梅花丁是每皮中顺砖与丁砖相隔，丁砖坐中于顺砖，上下皮竖缝相互错开 1/4 砖长，如图 5-18 所示。

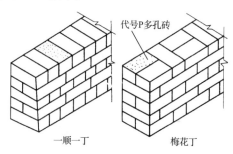

一顺一丁　　　　　　　　梅花丁

图 5-18　代号 P 多孔砖砌筑形式

（4）空斗墙的组砌形式。空斗墙是指墙的全部或大部分采用侧立丁砖和侧立顺砖砌筑而成，在墙中由侧立丁砖、顺砖围成许多个空斗，所有侧砌斗砖均用整砖。空斗墙的组砌方法有以下几种(见图 5-19)。

图 5-19　空斗墙组砌形式

1) 无眠空斗：全部由侧立丁砖和侧立顺砖砌成的斗砖层构成,无平卧丁砌的眠砖层。空斗墙中的侧立丁砖也可以改成每次只砌一块侧立丁砖。

2) 一眠一斗：由一皮平卧的眠砖层和一皮侧砌的斗砖层上下间隔砌成。

3) 一眠二斗：由一皮眠砖层和二皮连续的斗砖层相间砌成。

4) 一眠三斗：由一皮眠砖层和三皮连续的斗砖层相间砌成。

无论采用哪一种组砌方法,空斗墙中每一皮斗砖层每隔一块侧砌顺砖必须侧砌一块或两块丁砖,相邻两皮砖之间均不得有连通的竖缝。

空斗墙一般用水泥混合砂浆或石灰砂浆砌筑。在有眠空斗墙中,眠砖层与丁砖层接触处以及丁砖层与眠砖层接触处,除两端外,其余部分不应填塞砂浆。空斗墙的水平灰缝厚度和竖向灰缝宽度一般为 10mm,且不应小于 8mm,也不应大于 12mm。空斗墙中留置的洞口,必须在砌筑时留出,严禁砌完后再行打凿。

空斗墙在下列部位应用眠砖或丁砖砌成实心砌体:墙的转角处和交接处;室内地坪以下的全部砌体;室内地坪以上和楼板面上要求砌三皮实心砖;三层房屋外墙底层的窗台标高以下部分;楼板、圈梁、搁栅和檩条等支撑面下 2～4 皮砖的通长部分;梁和屋架支撑处按设计要求的部分;壁柱和洞口的两侧 240mm 范围内;楼梯间的墙、防火墙、挑檐以及烟道和管道较多的墙及预埋件处;做框架填充墙时,与框架拉结筋的连接宽度内;屋檐和山墙压顶下的二皮砖部分。

3. 砖墙转角及交接处搭接形式

(1) 砖砌体在转角的组砌形式。在砖墙的转角处,为了使各皮间竖缝相互错开,必须在外角处砌七分头砖。当采用一顺一丁组砌时,七分头的顺面方向依次砌顺砖,丁面方向依次砌丁砖。图 5-20 所示是一顺一丁砌一砖墙转角;图 5-21 所示是一顺一丁砌一砖半墙转角。

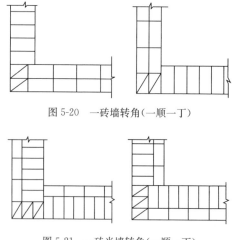

图 5-20 一砖墙转角(一顺一丁)

图 5-21 一砖半墙转角(一顺一丁)

当采用梅花丁组砌时,在外角仅砌一块七分头砖,七分头砖的顺面相邻砌丁砖,丁面相邻砌顺砖。图 5-22 所示是梅花丁砌一砖墙转角;图 5-23 所示是梅花丁砌一砖半墙转角。

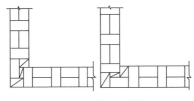

图 5-22　一砖墙转角(梅花一丁)

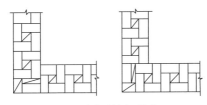

图 5-23　一砖半墙转角(梅花一丁)

(2) 砖砌体在交接处的组砌方法。在砖墙的丁字交接处,应分皮相互砌通,内角相交处竖缝应错开 1/4 砖长,并在横墙端头处加砌七分头砖。图 5-24 所示是一顺一丁砌一砖墙丁字交接处;图 5-25 所示是一顺一丁砌一砖半墙丁字交接处。

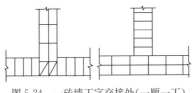

图 5-24　一砖墙丁字交接处(一顺一丁)

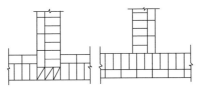

图 5-25　一砖半墙丁字交接处(一顺一丁)

砖墙的十字交接处应分皮相互砌通,交角处的竖缝相互错开 1/4 砖长。图 5-26 所示是一顺一丁一砖墙十字交接处;图 5-27 所示是一顺一丁一砖半墙十字交接处。

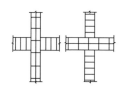

图 5-26　一砖墙十字交接处(一顺一丁)

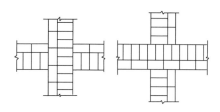

图 5-27　一砖半墙十字交接处(一顺一丁)

4. 砖墙砌筑的工艺流程

砖墙砌筑的工艺流程如下:

(1)找平并弹墙身线。砌墙之前,应将基础防潮层或楼面上的灰砂泥土、杂物等清除干净,并用水泥砂浆或豆石混凝土找平,使各段砖墙底部标高符合设计要求;找平时,需使上下两层围墙之间不致出现明显的接缝。随后开始弹墙身线。

弹线的方法:根据基础四角各相对龙门板,在轴线标钉上拴上白线挂紧,拉出纵横墙的中心线或边线,投到基础顶面上,用墨斗将墙身线弹到墙基上,内间隔墙如没有龙门板,可自围墙轴线相交处作为起点,用钢尺量出各内墙的轴线位置和墙身宽度;根据图样画出门、窗洞口位置线。墙基线弹好后,按图样要求复核建筑物长度、宽度、各轴线间尺寸。经复核无误后,即可作为底层墙砌筑的标准。

(2)排砖撂底。在砌砖前,要根据已确定的砖墙组砌方式进行排砖摞底,使砖的垒砌合乎错缝搭接要求,确定砌筑所需块数,以保证墙身砌筑竖缝均匀适度,尽可能做到少砍砖。排砖时应根据进场砖的实际长度尺寸的平均值来确定竖缝的大小。

(3)盘角、挂线。

1)盘角。砌砖前应先盘角,每次盘角不要超过五层,新盘的大角要及时进行吊、靠。如有偏差,要及时修整。盘角时要仔细对照皮数杆的砖层和标高,控制好灰缝大小,使水平灰缝均匀一致。大角盘好后再复查一次,平整度和垂直度完全符合要求后,再挂线砌墙。

2)挂线。砌筑一砖半墙必须双面挂线,如果长墙几个人均使用一根通线,中间应设几个支线点,小线要拉紧,每层砖都要穿线看平,使水平缝均匀一致,平直通顺,挂线时要把高出的障碍物去掉,中间塌腰的地方要垫一块砖,俗称腰线砖,如图5-28所示。垫腰线砖应注意准线不能向上拱起。经检查平直无误后即可砌砖。

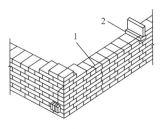

图5-28 挂线及腰线砖

1—小线;2—腰线砖

每砌完一皮砖后,由两端把大角的人逐皮往上起线。

此外还有一种挂线法。不用坠砖而将准线挂在两侧墙的立线上,俗称挂立线,一般用于砌中间墙。将立线的上下两端拴在钉入纵墙水平缝的钉子上并拉紧,如图5-29所示。根据挂好的立线拉水平准线,水平准线的两端要由立线的里侧往外拴,两端拴的水平缝线要同纵墙缝一致,不得错层。

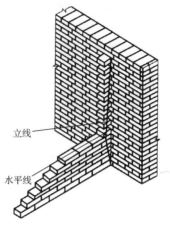

立线

水平线

图 5-29　挂立线

（4）墙体砌砖。

1）砌砖宜采用一铁铲灰、一块砖、一揉挤的"三一"砌砖法，即满铺、满挤操作法。砌砖时砖要放平。里手高，墙面就要张；里手低，墙面就要背。

2）砌砖一定要跟线，"上跟线，下跟棱，左右相邻要对平"。

3）水平灰缝厚度和竖向灰缝宽度一般为 10mm，但不应小于 8mm，也不应大于 12mm。

4）为保证清水墙面主缝垂直，不游丁走缝，当砌完一步架高时，宜每隔 2m 水平间距，在丁砖立棱位置弹两道垂直立线，可以分段控制游丁走缝。

5）在操作过程中，要认真进行自检，如出现偏差，应随时纠正，严禁事后砸墙。

6）清水墙不允许有三分头，不得在上部任意变化、乱缝。

7）砌筑砂浆应随搅拌随使用，一般水泥砂浆必须在 3h 内用完，水泥混合砂浆必须在 4h 内用完，不得使用过夜砂浆。

8）砌清水墙应随砌随划缝，划缝深度为 8～10mm，深浅一致,墙面清扫干净。混水墙应随砌随将舌头灰刮尽。

9)围墙转角处应同时砌筑。如不能同时砌筑,则交接处必须留斜槎,槎子长度不应小于墙体高度的 2/3,槎子必须平直、通顺。

5.砖砌体的砌筑方法

我国广大建筑工人在长期的操作实践中,积累了丰富的砌筑经验,并总结出各种不同的操作方法。这里介绍目前常用的几种操作方法。

(1)瓦刀披灰法。瓦刀披灰法又称满刀灰法或带刀灰法,是指在砌砖时,先用瓦刀将砂浆抹在砖黏结面上和砖的灰缝处,然后将砖用力按在墙上的方法,如图 5-30 所示。该法是一种常见的砌筑方法,适用于砌空斗墙、1/4 砖墙、平拱、弧拱、窗台、花墙、炉灶等。但其要求稠度大、黏性好的砂浆与之配合,也可使用黏土砂浆和白灰砂浆。

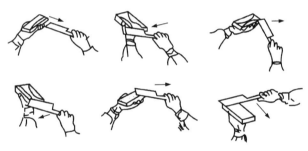

图 5-30　瓦刀披灰法砌砖

瓦刀披灰法通常使用瓦刀,操作时右手拿瓦刀,左手拿砖,先用瓦刀把砂浆正手刮在砖的侧面,然后反手将砂浆抹满砖的大面,并在另一侧刮上砂浆。要刮布均匀,中间不要留空隙,四周可以厚一些,中间薄些。与墙上已砌好的砖接触的头缝(即碰头灰)也要刮上砂浆。砖块刮好砂浆后,放在墙上,挤压至与准线平齐。如有挤出墙面的砂浆,须用瓦刀刮下填于竖缝内。

用瓦刀披灰法砌筑,能做到刮浆均匀,灰缝饱满,有利于初学砖瓦工者的手法锻炼。此法历来被列为砌筑基本工训练之一。但其工效低，劳动强度大。

（2）"三一"砌砖法。"三一"砌砖法的基本操作是"一铲灰、一块砖、一揉挤"。

1）步法。操作时人应顺墙体斜站，左脚在前，离墙约15cm，右脚在后，距墙及左脚跟30～40cm。砌筑方向是由前往后退着走，这样操作可以随时检查已砌好的砖是否平直。砌完3～4块砖后，左脚后退一大步（70～80cm），右脚后退半步，人斜对墙面可砌约50cm，砌筑后左脚后退半步，右脚后退一步，恢复到开始砌、砖时的位置，如图5-31所示。

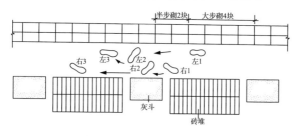

图5-31　"三一"砌砖法步法平面

2）铲灰取砖。铲灰时应先用铲底摊平砂浆表面（便于掌握吃灰量），然后用手腕横向转动来铲灰，减少手臂动作，取灰量要根据灰缝厚度决定，以满足一块砖的需要量为准。取砖时应随拿砖随挑选好下一块砖。左手拿砖，右手拿砂浆，同时拿起来，以减少弯腰次数，争取砌筑时间。

3）铺灰。将砂浆铺在砖面上的动作可分为甩、溜、丢、扣等几种。

砌顺砖时，当墙砌得不高且距操作处较远时，一般采用溜灰方法铺灰；当墙砌得较高且近身砌筑时，常用扣灰方法铺灰；此外，还可采用甩灰方法铺灰，如图5-32所示。

砌丁砖时，当墙砌得较高且近身砌筑时，常用丢灰方法铺灰；在其他情况下，还经常用扣灰方法铺灰，如图5-33所示。

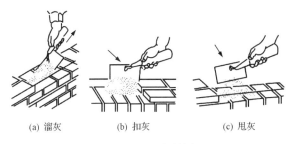

(a) 溜灰　　　　　(b) 扣灰　　　　　(c) 甩灰

图 5-32　砌顺砖时铺灰

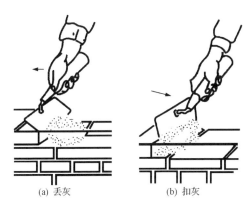

(a) 丢灰　　　　　　　　　(b) 扣灰

图 5-33　砌丁砖铺灰

不论采用哪一种铺灰动作,都要求铺出的灰条要近似砖的外形,长度比一块砖稍长 1~2 cm、宽 8~9cm,灰条距墙外面 2cm,并与前一块砖的灰条相接。

4) 揉挤。左手拿砖,在离已砌好的前砖 3~4cm 处开始平放推挤,并用手轻揉。在揉砖时,眼要上边看线,下边看墙皮,左手中指随即同时伸下,摸一下上下砖棱是否齐平。砌好一块砖后,随即用铲将挤出的砂浆刮回,放在竖缝中或随手投入灰斗中。揉砖的目的是使砂浆饱满。铺在砖上的砂浆如果较薄,揉的劲要小些;砂浆较厚时,揉的劲要稍大一些。并且根据已铺砂浆的位置要前后揉或左右揉,总之以揉

到下齐砖棱上齐线为宜,要做到平开、轻放、轻揉,如图 5-34
所示。

图 5-34 揉砖

"三一"砌砖法的优点是:由于铺出来的砂浆面积相当于
一块砖的大小,并且随即揉砖,因此灰缝容易饱满,黏结力
强,能保证砌筑质量;挤砌时随手刮去挤出的砂浆,使墙保持
清洁。缺点是:一般是个人操作,操作时取砖、铲灰、铺灰、转
身、弯腰等烦琐动作较多,影响砌筑效率,因而可用两铲灰砌
三块砖或三铲灰砌四块砖的办法来提高效率。

这种操作方法适合于砌窗间墙、砖柱、砖垛、烟囱等较短
的部位。

(3) 坐浆砌砖(又称摊灰尺砌砖法)。坐浆砌砖法是指在
砌砖时,先在墙上铺长度 50cm 左右的砂浆,用摊灰尺找平,
然后在已铺设好的砂浆上砌砖,如图 5-35 所示。该法适用于
砌门窗洞较多的砖墙或砖柱。

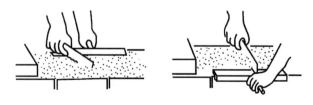

图 5-35 坐浆砌砖法

1) 操作要点。操作时人站立的位置以距墙面 10~15cm

为宜,左脚在前,右脚在后,人斜对墙面,随着砌筑前进方向退着走,每退一步可砌 3～4 块顺砖长。

通常使用瓦刀,操作时用灰勺和大铲舀砂浆,均匀地倒在墙上,然后左手拿摊尺刮平。抵砖时左手拿砖,右手用瓦刀在砖的头缝处上砂浆,随即砌上砖并压实。砌完一段铺灰长度后,将瓦刀放在最后砌完的砖上,转身再舀浆,如此逐段铺砌。每次砂浆摊铺长度应看气温高低、砂浆种类及砂浆稠度而定,每次砂浆摊铺长度不宜超过 75cm(气温在 30℃ 以上时,不超过 50cm)。

2) 注意事项。在砌筑时应注意,砖块头缝的砂浆另外用瓦刀抹上去,不允许在铺平的砂浆上刮取,以免影响水平灰缝的饱满程度。摊灰尺铺灰砌筑时,当砌一砖墙时,可一人自行铺灰砌筑;墙较厚时可组成二人小组,一人铺灰,一人砌墙,分工协作,密切配合,这样会提高工效。

采用这种方法,因摊灰尺厚度同灰缝一样为 10mm,故灰缝厚度能够控制,便于保证砌体水平缝平直。又由于铺灰时摊尺靠墙阻挡砂浆流到墙面,所以墙面清洁美观,砂浆耗损少。由于砖只能摆砌,不能挤砌,同时铺好的砂浆容易失水变稠变硬,因此黏结力较差。

(4) 铺灰挤砌法。铺灰挤砌法是采用一定的铺灰工具,如铺灰器等,先在墙上用铺灰器铺一段砂浆,然后用砖紧压砂浆层,推挤砌于墙上的方法。铺灰挤砌法分为单手挤浆法和双手挤浆法两种。

1) 单手挤浆法。用铺灰器铺灰,操作者应沿砌筑方向退着走。砌顺砖时,左手拿砖,距前面的砖块 5～6cm 处将砖放下,砖稍稍蹭灰面,沿水平方向向前推挤,把砖前灰浆推起作为立缝处砂浆(俗称挤头缝,如图 5-36 所示),并用瓦刀将水平灰缝挤出墙面的灰浆刮清,甩填于立缝内。

砌丁砖时,将砖擦灰面放下后,用手掌横向往前挤,挤浆的砖口要略呈倾斜,用手掌横向前挤,到将接近一指缝时,砖块略向上翘,以便带起灰浆挤入缝内,将砖压至与准线平齐为止,并将内外挤出的灰浆刮清,甩填于立缝内。

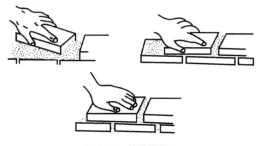

图 5-36　单手挤浆法

当砌墙的内侧顺砖时,应将砖由外向里靠,水平向前挤推,这样立缝处砂浆容易饱满,同时用瓦刀将反面墙水平缝挤出的砂浆刮起,甩填于挤砌的立缝内。

挤浆砌筑时,手掌要用力,使砖与砂浆密切结合。

2) 双手挤浆法。双手挤浆法操作时,使靠墙的一只脚脚尖稍偏向墙边,另一只脚向斜前方踏出 40cm 左右(随着砌砖动作灵活移动),使两脚很自然地站成"丁"字形。身体离墙约 7cm,胸部略向外倾斜。这样,便于操作者转身拿砖、挤砖和看棱角。

拿砖时,靠墙的一只手先拿,另一只手跟着上去,也可双手同时取砖;两眼要迅速查看砖的边角,将棱角整齐的一边先砌在墙的外侧;取砖和选砖几乎同时进行。为此操作必须熟练,无论是砌丁砖还是顺砖,靠墙的一只手先挤,另一只手迅速跟着挤砌(见图 5-37)。其他操作方法与单手挤浆法相同。

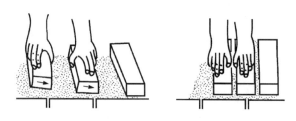

图 5-37　双手挤浆砌丁砖

如砌丁砖,当手上拿的砖与墙上原砌的砖相距 5～6cm 时,如砌顺砖,距离约 13cm 时,把砖的一头(或一侧)抬起约 4cm,将砖插入砂浆中,随即将砖放平,手掌不要用力挤压,只需依靠砖的倾斜自坠力压住砂浆,平推前进。若竖缝过大,可用手掌稍加压力,将灰缝压实至 1cm 为止。然后看准砖面,如有不平,用手掌加压,使砖块平整。由于顺砖长,因而要特别注意砖块下齐边棱上平线,以防墙面产生凹进凸出和高低不平现象。

这种方法,在操作时减少了每块砖都要转身、铲灰、弯腰、铺灰等动作,可大大减轻劳动强度,并还可组成两人或三人小组,铺灰、砌砖分工协作,密切结合,提高工效。此外,由于挤浆时平推平挤,使灰缝饱满,充分保证墙体质量。但要注意,如砂浆保水性能不好时,砖湿润又不合要求,操作不熟练,推挤动作稍慢,往往会出现砂浆干硬,造成砌体黏结不良。因此在砌筑时要求快铺快砌,挤浆时严格掌握平推平挤,避免前低后高,以免把砂浆挤成沟槽使灰浆不饱满。

(5)快速"砌筑法。"快速"砌筑法就是把砌筑工砌砖的动作过程归纳为两种步法、三种弯腰姿势、八种铺灰手法、一种挤浆动作,叫作"快速砌砖动作规范",简称"快速"砌筑法。

"快速"砌筑法中的两种步法,即操作者以丁字步与并列步交替退行操作;三种弯腰姿势即操作过程中采用侧身弯腰、丁字步弯腰与并列步弯腰三种弯腰形式进行操作;八种铺灰手法,即砌条砖采用甩、扣、溜、泼四种手法和砌丁砖用扣、溜、泼、一带二铺灰等四种手法;一种挤浆动作,即平推挤浆法。

"快速"砌筑法把砌砖动作复合为四个:双手同时铲灰和拿砖—转身铺灰—挤浆和接刮余灰—甩出余灰。大大简化了操作,使身体各部肌肉轮流运动,减少疲劳。

1)两种步法。砌砖时采用"拉槽取法",操作者背向砌砖前进方向退步砌筑。开始砌筑时,人斜站成丁字步,左足在前、右足在后,后腿紧靠灰斗。这种站立方法稳定有力,可以适应砌筑部位的远近高低变化,只要把身体的重心在前后之间变换,就可以完成砌筑任务。

后腿靠近灰斗以后,右手自然下垂,就可以方便地在灰斗中取灰。右足绕足跟稍微转动一下,又可以方便地取到砖块。

砌到近身以后,左足后撤半步,右足稍稍移动即成为并列步,操作者基本上面对墙身,又可完成 50cm 长的砖墙砌筑。在并列步时,靠两足的稍稍旋转来完成取灰和取砖的动作。

一段砌体全部砌完后,左足后撤半步,右足后撤一步,第二次站成丁字步,再继续重复前一面的动作。每一次步法的循环,可以完成 1.5m 的墙体砌筑,所以要求操作面上灰斗的排放间距也是 1.5m。这一点与"三一"砌筑法是一样的。

2) 三种弯腰姿势。

①侧身弯腰。当操作者站成丁字步的姿势铲灰和取砖时,应采取侧身弯腰的动作,利用后腿微弯、斜肩和侧身弯腰来降低身体的高度,以达到铲灰和取砖的目的。侧身弯腰时动作时间短,腰部只承担轻度的负荷。在完成铲灰取砖后,可借助伸直后腿和转身的动作,使身体重心移向前腿而转换成正弯腰(砌低矮墙身时)。

②丁字步正弯腰。当操作者站成丁字步,并砌筑离身体较远的矮墙身时,应采用丁字步正弯腰的动作。

③并列步正弯腰。丁字步正弯腰时重心在前腿,当砌到近身砖墙并改换成并列步砌筑时操作者就可采取并列步正弯腰的动作。

三种弯腰姿势的动作分解如图 5-38 所示。

3) 八种铺灰手法。

①砌条砖时的三种手法。a) 甩法。甩法是"三一"砌筑法中的基本手法,适用于砌离身体部位低而远的墙体。铲取砂浆要求呈均匀的条状,当大铲提到砌筑位置时,将铲面转 90°,使手心向上,同时将灰顺砖面中心甩出,使砂浆呈条状均匀落下,甩法动作分解如图 5-39 所示。b) 扣法。扣法适用于砌近身和较高部位的墙体,人站成并列步。铲灰时以后

(a) 侧身弯腰   (b) 丁字步正弯腰

(c) 并列步正弯腰

图 5-38 三种弯腰姿势的动作分解

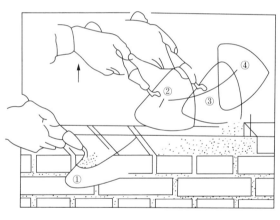

图 5-39 甩法的动作分解图

腿足跟为轴心转向灰斗,转过身来反铲扣出灰条,铲面的运动路线与甩法正好相反,也可以说是一种反甩法,尤其在砌低矮的近身墙时更是如此。扣灰时手心向下,利用手臂的前推力扣落砂浆,其动作形式如图 5-40 所示。c)泼法。泼法适用于砌近身部位及身体后部的墙体,用大铲铲取扁平状的灰条,提到砌筑面上,将铲面翻转,手柄在前,平行向前推泼出灰条,其手法如图 5-41 所示。

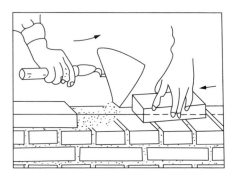

图 5-40 扣法的动作分解图

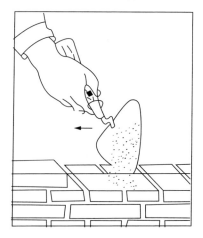

图 5-41 泼法的动作分解

②砌丁砖时的三种手法。a) 砌里丁砖的溜法。溜法适用于砌一砖半墙的里丁砖,铲取的灰条要求呈扁平状,前部略厚,铺灰时将手臂伸过准线,使大铲边与墙边取平,采用抽铲落灰的办法,如图 5-42 所示。b) 砌丁砖的扣法。铲灰条时要求做到前部略低,扣到砖面上后,灰条外口稍厚,其动作如图 5-43 所示。c) 砌外丁砖的泼法。当砌三七墙外丁砖时可采用泼法。大铲铲取扁平状的灰条,泼灰时落点向里移一点,可以避免反面刮浆的动作。砌离身体较远的砖可以平

拉反泼,砌近身处的砖采用正泼,其手法如图 5-44 所示。

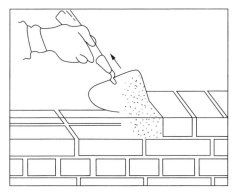

图 5-42　砌里丁砖的溜法

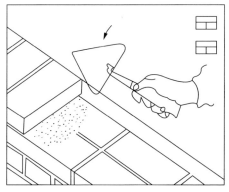

图 5-43　砌丁砖的扣法

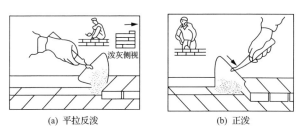

(a) 平拉反泼

(b) 正泼

图 5-44　砌外丁砖的泼法

③砌角砖时的溜法。砌角砖时,用大铲铲取扁平状的灰条,提送到墙角部位并与墙边取齐,然后抽铲落灰。采用这一手法可减少落地灰,如图5-45所示。

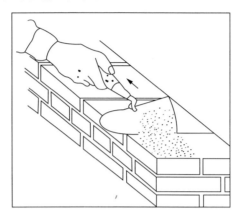

图5-45 砌角砖的溜法

④一带二铺灰法。由于砌丁砖时,竖缝的挤浆面积比条砖大一倍,外口砂浆不易挤严,可以先在灰斗处将丁砖的碰头灰打上,再铲取砂浆转身铺灰砌筑,这样做就多了一次打灰动作。一带二铺灰法是将这两个动作合并起来,利用在砌筑面上铺灰时,将砖的丁头伸入落灰处接打碰头灰。这种做法铺灰后要摊一下砂浆,才可摆砖挤浆,在步法上也要作相应变换,其手法如图5-46所示。

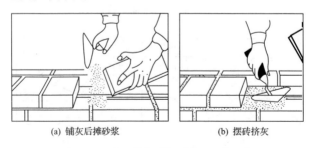

(a) 铺灰后摊砂浆   (b) 摆砖挤灰

图5-46 一带二铺灰动作(适用于砌外丁砖)

4）一种挤浆动作。挤浆时应将砖落在灰条 2/3 的长度或宽度处，将超过灰缝厚度的那部分砂浆挤入竖缝内。如果铺灰过厚，可用揉搓的办法将过多的砂浆挤出。

在挤浆和揉搓时，大铲应及时接刮从灰缝中挤出的余浆并甩入竖缝内，当竖缝严实时也可甩入灰斗中。如果是砌清水墙，可以用铲尖稍稍伸入平缝中刮浆，这样不仅刮了浆，而且减少了勾缝的工作量、节约了材料，挤浆和刮余浆的动作如图 5-47 所示。

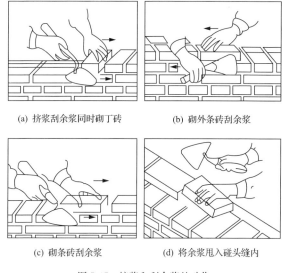

(a) 挤浆刮余浆同时砌丁砖   (b) 砌外条砖刮余浆

(c) 砌条砖刮余浆   (d) 将余浆甩入碰头缝内

图 5-47　挤浆和刮余浆的动作

5）实施"快速"砌筑法必须具备的条件。

①工具准备。大铲是铲取灰浆的工具，砌筑时，要求大铲铲起的灰浆刚好能砌一块砖，再通过各种手法的配合才能达到预期的效果。铲面呈三角形，铲边弧线平缓，铲柄角度合适的大铲才便于使用。可以利用废带锯片根据各人的条件和需要自行加工。

②材料准备。砖必须浇水达到合适的程度，即砖的里层吸够一定水分，表面阴干。一般可提前 1~2d 浇水，停半天

后使用。吸水合适的砖,可以保持砂浆的稠度,使挤浆顺利进行。砂子一定要过筛,不然在挤浆时会因为有粗颗粒而造成挤浆困难。除了砂浆的配合比和稠度必须符合要求外,砂浆的保水性也很重要,离析的砂浆很难进行挤浆操作。

③操作面的要求。同"三一"砌、筑法。

四、砖墙面勾缝

砖墙勾缝的形式有下列四种:

(1)平缝。操作简便,勾缝后墙面平整,不易剥落和积污,防雨水渗透好,但墙面较为单调。平缝一般有深、浅两种做法,深的约凹进墙面 3.5mm。

(2)凹缝。凹缝凹进墙面 5.8mm,凹面可做成半圆形,勾凹缝的墙面有立体感。

(3)斜缝。斜缝是把灰缝的上口压进墙面 3.4mm,下口与墙面平,使其成为斜向上的缝,斜缝泻水方便。

(4)凸缝。凸缝是在灰缝面做成一个半圆形的凸线,凸出墙面 5mm 左右。凸缝墙面线条明显、清晰,外表美观,但操作过程费工。

砖墙勾缝工艺流程为:弹线找规矩→开缝、补缝→门窗四周塞缝→墙面浇水→勾缝→清扫墙面→找补漏缝→清理墙面。

勾缝注意事项:

(1)勾缝顺序应由上而下,先勾水平缝,后勾立缝。

(2)勾水平缝时用长溜子,左手拿托灰板,右手拿溜子,将灰板顶在要勾的缝口下边,右手用溜子将砂浆塞入缝内,灰浆不能太稀,自右向左喂灰,随勾随移动托灰板,勾完一段后,用溜子在砖缝内左右拉推移动,使缝内的砂浆压实,压光,深浅一致。

(3)勾立缝时用短溜子,可用溜子将灰从托灰板上刮起点入立缝之中,也可将托灰板靠在墙边,用短溜子将砂浆送入缝中,使溜子在缝中上下移动,将缝内的砂浆压实,且注意与水平缝的深浅一致。如设计无要求时,一般勾凹缝深度为 4～5mm。

第三节 砌块墙的砌筑

一、砌块墙的组砌形式

砌块墙（混凝土空心砌块墙体和粉煤灰实心砌块墙体）的立面组砌形式仅有全顺一种，上下竖向相互错开190mm；双排小砌块墙横向竖缝也应相互错开190mm，如图5-48、图5-49所示。下面以混凝土空心砌块墙体为例讲述砌块墙体的砌筑。

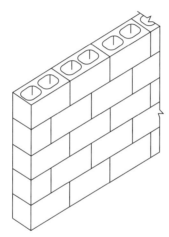

图5-48 混凝土空心小砌块墙体的立面组砌形式

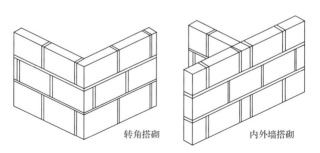

转角搭砌　　　　　　　　内外墙搭砌

图5-49 粉煤灰实心小砌块墙体的立面组砌形式

二、组砌方法

混凝土空心小砌块墙宜采用铺灰反砌法进行砌筑。先用大铲或瓦刀在墙顶上摊铺砂浆，铺灰长度不宜超过800mm，再在已砌砌块的端面上刮砂浆，双手端起小砌块，使其底面向上，摆放在砂浆层上，并与前一块挤紧，使上下砌块的孔洞对准，挤出的砂浆随手刮去。若使用一端有凹槽的砌块，应将有凹槽的一端接着平头的一端砌筑。

三、混凝土空心砌块墙体的砌筑

混凝土空心砌块只能用于地面以上墙体的砌筑，而不能用于墙体基础的砌筑。

在砌筑工艺上，混凝土小型空心砌块砌筑与传统的砖混砌筑没有大的差别，都是手工砌筑，对建筑设计的适应能力也很强，砌块砌体可以取代砖石结构中的砖砌体。砌块是用混凝土制作的一种空心、薄壁的硅酸盐制品，它作为墙体材料，不但具有混凝土材料的特性，而且其形状、构造等与黏土砖也有较大的差别，砌筑时要按其特点给予重视和注意。

1. 施工准备

（1）运到现场的小砌块，应分规格、分等级堆放，堆放场地必须平整，并做好排水。小砌块的堆放高度不宜超过1.6m。

（2）对于砌筑承重墙的小砌块应进行挑选，剔出断裂小砌块或壁肋中有竖向凹形裂缝的小砌块。

（3）龄期不足28d及潮湿的小砌块不得进行砌筑。

（4）普通混凝土小砌块不宜浇水；当天气干燥炎热时，可在砌块上稍加喷水润湿；轻骨料混凝土小砌块可洒水，但不宜过多。

（5）清除小砌块表面污物和芯柱用小砌块孔洞底部的毛边。

（6）砌筑底层墙体前，应对基础进行检查。清除防潮层顶面上的污物。

（7）根据砌块尺寸和灰缝厚度计算皮数，制作皮数杆。皮数杆立在建筑物四角或楼梯间转角处，皮数杆间距不宜超过 15m。

（8）准备好所需的拉结钢筋或钢筋网片。

（9）根据小砌块搭接需要，准备一定数量的辅助规格的小砌块。

（10）砌筑砂浆必须搅拌均匀，随拌随用。

2. 砌块排列

（1）砌块排列时，必须根据砌块尺寸、垂直灰缝的宽度和水平灰缝的厚度计算砌块砌筑皮数和排数，以保证砌体的尺寸；砌块排列应按设计要求，从基础面开始排列，尽可能采用主规格和大规格砌块，以提高台班产量。

（2）外墙转角处和纵横墙交接处，砌块应分皮咬槎，交错搭砌，以增加房屋的刚度和整体性。

（3）砌块墙与后砌隔墙交接处，应沿墙高每隔 400mm 在水平灰缝内设置不少于 2φ4、横筋间距不大于 200mm 的焊接钢筋网片，钢筋网片伸入后砌隔墙内不应小于 600mm（见图 5-50）。

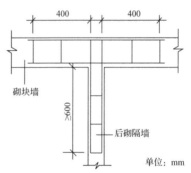

图 5-50　砌块墙与后砌隔墙交接处钢筋网片

（4）砌块排列应对孔错缝搭砌，搭砌长度不应小于 90mm，如果搭接错缝长度满足不了规定的要求，应采取压砌钢筋网片或设置拉结筋等措施，具体构造按设计规定。

（5）对设计规定或施工所需要的孔洞口、管道、沟槽和预埋件等，应在砌筑时预留或预理，不得在砌筑好的墙体上打洞、凿槽。

（6）砌体的垂直缝应与门窗洞口的侧边线相互错开，不得同缝，错开间距应大于150mm，且不得采用砖镶砌。

（7）砌体水平灰缝厚度和垂直灰缝宽度一般为10mm，但不应大于12mm，也不应小于8mm。

（8）在楼地面砌筑一皮砌块时，应在芯柱位置侧面预留孔洞。为便于施工操作，预留孔洞的开口一般应朝向室内，以便清理杂物、绑扎和固定钢筋。

（9）设有芯柱的T形接头砌块第一皮至第六皮排列平面如图5-51所示。第七皮开始又重复第一皮至第六皮的排

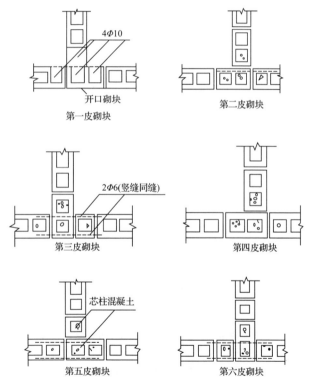

图5-51　T形芯柱接头砌块排列平面

列,但不用开口砌块,其排列立面如图 5-52 所示。设有芯柱的 L 形接头第一皮砌块排列平面如图 5-53 所示。

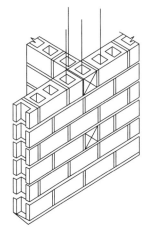

图 5-52　T 形芯柱接头砌块排列立面

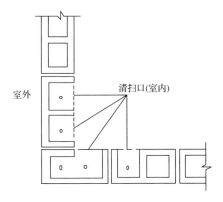

图 5-53　L 形芯柱接头第一皮砌块排列平面

3. 砌筑

(1) 砌块砌筑应从转角或定位处开始,内外墙同时砌筑,纵横墙交错搭接。外墙转角处应使小砌块隔皮露端面;T 形交接处应使横墙小砌块隔皮露端面,纵墙在交接处改砌两块辅助规格小砌块(尺寸为 290mm×190mm×190mm,一头开口),所有露端面用水泥砂浆抹平,如图 5-54 所示。

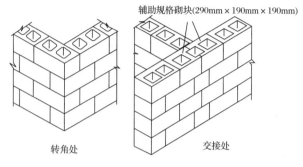

图 5-54　小砌块墙转角处及 T 形交接处砌法

(2)砌块应对孔错缝搭砌。上下皮小砌块竖向灰缝相互错开 190mm。个别情况无法对孔砌筑时,普通混凝土小砌块错缝长度不应小于 90mm,轻骨料混凝土小砌块错缝长度不应小于 120mm;当不能保证此规定时,应在水平灰缝中设置 2Φ4 钢筋网片,钢筋网片每端均应超过该垂直灰缝,其长度不得小于 300mm,如图 5-55 所示。

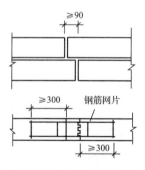

图 5-55　水平灰缝中的拉结筋

(3)砌块应逐块铺砌,采用满铺、满挤法。灰缝中的拉结筋应做到横平竖直,全部灰缝均应填满砂浆。水平灰缝宜用坐浆满铺法。垂直缝可先在砌块端头铺满砂浆(即将砌块铺浆的端面朝上,依次紧密排列),然后将砌块上墙挤压至要求的尺寸;也可在砌好的砌块端头刮满砂浆,然后将砌块上墙进行挤压,直至所需尺寸。

(4)砌块砌筑一定要跟线,"上跟线,下跟棱,左右相邻要对平"。同时应随时进行检查,做到随砌随查随纠正,以免返工。

(5)每当砌完一块,应随后进行灰缝的勾缝(原浆勾缝),勾缝深度一般为 3~5mm。

(6)外墙转角处严禁留直槎,宜从两个方向同时砌筑。墙体临时间断处应砌成斜槎,斜槎长度不应小于高度的 2/3。如留斜槎有困难,除外墙转角处及抗震设防地区,墙体临时间断处不应留直槎外,可从墙面伸出 200mm 砌成阴阳槎,并沿墙高每三皮砌块(600mm)设拉结钢筋或钢筋网片,拉结钢筋用两根直径 6mm 的钢筋;钢筋网片用 $\phi4$ 的冷拔钢丝。埋入长度从留槎处算起,每边均不小于 600mm,如图 5-56 所示。

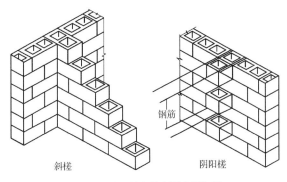

斜槎　　　　　阴阳槎

图 5-56　小砌块砌体斜槎和阴阳槎

(7)小砌块用于框架填充墙时,应与框架中预埋的拉结钢筋连接。当填充墙砌至顶面最后一皮时,与上部结构相接处宜用实心小砌块(或在砌块孔洞中填 C15 混凝土)斜砌挤紧。

对设计规定的洞口、管道、沟槽和预埋件等,应在砌筑时预留或预埋,严禁在砌好的墙体上打凿。在小砌块墙体中不得留水平沟槽。

（8）砌块墙体内不宜留脚手眼，如必须留设时，可用190mm×190mm×190mm 小砌块侧砌，利用其孔洞作脚手眼，墙体完工后用 C15 混凝土填实。但在墙体下列部位不得留设脚手眼：

过梁上部，与过梁成 60°角的三角形及过梁跨度 1/2 范围内；

宽度不大于 800mm 的窗间墙；

梁和梁垫下及其左右各 500mm 的范围内；

门窗洞口两侧 200mm 内，墙体交接处 400mm 范围内；

设计规定不允许设脚手眼的部位。

（9）安装预制梁、板时，必须坐浆垫平，不得干铺。当设置滑动层时，应按设计要求处理。板缝应按设计要求填实。

砌体中设置的圈梁应符合设计要求，圈梁应连续地设置在同一水平上，并形成闭合状，且应与楼板（屋面板）在同一水平面上，或紧靠楼板底（屋面板底）设置；当不能在同一水平面上闭合时，应增设附加圈梁，其搭接长度应不小于圈梁距离的两倍，同时也不得小于 1m；当采用槽形砌块制作组合圈梁时，槽形砌块应采用强度等级不低于 M10 的砂浆砌筑。

（10）对于墙体表面的平整度和垂直度、灰缝的均匀程度及砂浆饱满程度等，应随时检查并校正所发现的偏差。在砌完每一楼层以后，应校核墙体的轴线尺寸和标高，在允许范围内的轴线和标高的偏差，可在楼板面上予以校正。

四、圈梁及过梁的施工

过梁是砌块墙的重要构件之一。当砌块墙中遇门窗洞口时，应设置过梁。它既起连系梁的作用，又是一种调节砌块。当层高与砌块高出现差异时，可利用过梁尺寸的变化进行调节，从而使其他砌块的通用性更大。

多层砌体建筑应设置圈梁，以增强房屋的整体性。砌块墙的圈梁常和过梁统一考虑，有现浇和预制两种。现浇圈梁整体性强，对加固墙身较为有利，但施工支模复杂。实际工程中可采用 U 形预制砌块来代替模板，在槽内配置钢筋后浇筑混凝土而成(见图 5-57)。预制圈梁则是将圈梁分段预制，现场拼接。预制时，梁端伸出钢筋，拼接时将两端钢筋扎结后在节点现浇混凝土。

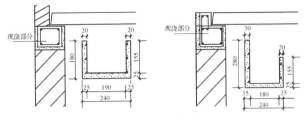

图 5-57　砌块现浇圈梁

第四节　砖柱、扶壁柱、构造柱、芯柱的施工

一、砖柱的施工

砖柱一般分为矩形、圆形、正多角形和异型等几种。矩形砖柱分为独立柱和附墙柱两类；圆形砖柱和正多角形砖柱一般为独立砖柱；异型砖柱较少，现在通常由钢筋混凝土柱代替。普通矩形砖柱截面尺寸不应小于 240mm×365mm。

240mm×365mm 砖柱组砌，只用整砖左右转换叠砌，但砖柱中间始终存在一道长 130mm 的垂直通缝，一定程度上削弱了砖柱的整体性，这是一道无法避免的竖向通缝；如要承受较大荷载时应每隔数皮砖在水平灰缝中放置钢筋网片。图 5-58 所示是 240mm×365mm 砖柱的分皮砌法。

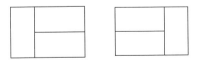

图 5-58　240mm×365mm 砖柱分皮砌法

365mm×365mm 砖柱有两种组砌方法：一种是每皮中采用三块整砖与两块配砖组砌，但砖柱中间有两条长 130mm 的竖向通缝；另一种是每皮中均用配砖砌筑，如配砖用整砖

砍成,则费工费料。图 5-59 所示是 365mm×365mm 砖柱的两种组砌方法。

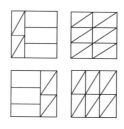

图 5-59　365mm×365mm 砖柱分皮砌法

365mm×490mm 砖柱有三种组砌方法。第一种砌法是隔皮用 4 块配砖,其他都用整砖,但砖柱中间有两道长 250mm 的竖向通缝。第二种砌法是每皮中用 4 块整砖、两块配砖与一块半砖组砌,但砖柱中间有三道长 130mm 的竖向通缝。第三种砌法是隔皮用一块整砖和一块半砖,其他都用配砖,平均每两皮砖用 7 块配砖,如配砖用整砖砍成,则费工费料。图 5-60 所示是 365mm×490mm 砖柱的三种分皮砌法。

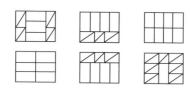

图 5-60　365mm×490mm 砖柱分皮砌法

490mm×490mm 砖柱有三种组砌方法。第一种砌法是两皮全部整砖与两皮整砖、配砖、1/4 砖(各 4 块)轮流叠砌,砖柱中间有一定数量的通缝,但每隔一两皮便进行拉结,使之有效地避免竖向通缝的产生。第二种砌法是全部由整砖叠砌,砖柱中间每隔三皮竖向通缝才有一皮砖进行拉结。第三种砌法是每皮均用 8 块配砖与两块整砖砌筑,无任何内外通缝,但配砖太多,如配砖用整砖砍成,则费工费料。图 5-61 所示是 490mm×490mm 砖柱分皮砌法。

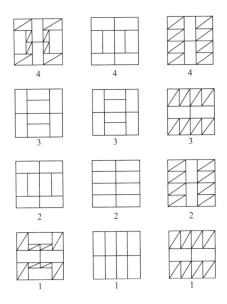

图 5-61   490mm×490mm 砖柱分皮砌法

365mm×615mm 砖柱组砌，一般可采用图 5-62 所示的分皮砌法，每皮中都要采用整砖与配砖，隔皮还要用半砖，半砖每砌一皮后，与相邻丁砖交换一下位置。

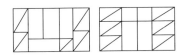

图 5-62   365mm×615mm 砖柱分皮砌法

490mm×615mm 砖柱组砌，一般可采用图 5-63 所示的分皮砌法。砖柱中间存在两条长 60mm 的竖向通缝。

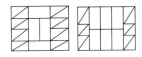

图 5-63   490mm×615mm 砖柱分皮砌法

二、扶壁柱的施工

扶壁柱也称作砖垛,其砌筑方法要根据墙厚不同及垛的大小而定,无论哪种砌法都应使垛与墙身逐皮搭接砌,不可分离砌筑,搭接长度至少为 1/2 砖长。垛根据错缝需要,可加砌七分头砖或半砖。砖垛截面尺寸不应小于 125mm×240mm。

砖垛施工时,应使墙与垛同时砌,不能先砌墙后砌垛或先砌垛后砌墙。

125mm×240mm 砖垛组砌,一般可采用图 5-64 所示的分皮砌法,砖垛的丁砖隔皮伸入砖墙内 1/2 砖长。

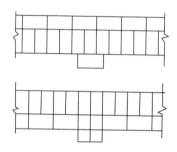

图 5-64　125mm×240mm 砖垛分皮砌法

125mm×365mm 砖垛组砌,一般可采用图 5-65 所示的分皮砌法,砖垛的丁砖隔皮伸入砖墙内 1/2 砖长,隔皮要用两块配砖及一块半砖。

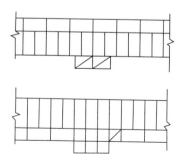

图 5-65　125mm×365mm 砖垛分皮砌法

125mm×490mm 砖垛组砌,一般采用图 5-66 所示的分皮砌法,砖垛丁砖隔皮伸入砖墙内 1/2 砖长,隔皮要用两块配砖及一块半砖。

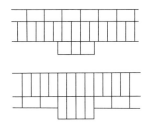

图 5-66 125mm×490mm 砖垛分皮砌法

240mm×240mm 砖垛组砌,一般采用图 5-67 所示的分皮砌法,砖垛丁砖隔皮伸入砖墙内 1/2 砖长,不用配砖。

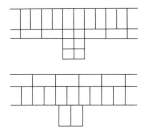

图 5-67 240mm×240mm 砖垛分皮砌法

240mm×365mm 砖垛组砌,一般采用图 5-68 所示的分

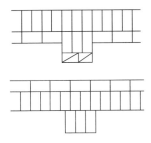

图 5-68 240mm×365mm 砖垛分皮砌法

皮砌法,砖垛丁砖隔皮伸入砖墙内 1/2 砖长,隔皮要用两块配砖。砖垛内有两道长 120mm 的竖向通缝。

240mm×490mm 砖垛组砌,一般采用图 5-69 所示的分皮砌法,砖垛丁砖隔皮伸入砖墙内 1/2 砖长,隔皮要用两块配砖及一块半砖。砖垛内有三道长 120mm 的竖向通缝。

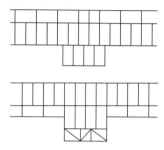

图 5-69　240mm×490mm 砖垛分皮砌法

三、构造柱的施工

砖墙与构造柱相接处,砖墙应砌成马牙槎,从每层柱脚开始,先退后进;每个马牙槎沿高度方向的尺寸不宜超过 300mm(或 5 皮砖高);每个马牙槎退进应不小于 60mm,如图 5-70 所示。

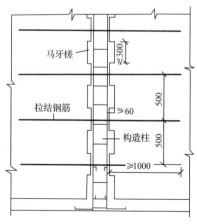

图 5-70　砖墙的马牙槎布置

构造柱必须与圈梁连接。其根部可与基础圈梁连接,无基础圈梁时,可增设厚度不小于 120mm 的混凝土底脚,深度从室外地平以下不应小于 500mm。

构造柱的施工顺序为:绑扎钢筋、砌砖墙、支模板、浇筑混凝土。必须在该层构造柱混凝土浇筑完毕后,才能进行上一层的施工。

构造柱的竖向受力钢筋伸入基础圈梁或混凝土底脚内的锚固长度,以及绑扎搭接长度,均不应小于 35 倍钢筋直径,接头区段内的箍筋间距不应大于 200mm。钢筋混凝土保护层厚度一般为 20mm。

砌砖墙时,每楼层马牙槎应先退后进,以保证构造柱脚为大断面。当马牙槎齿深为 120mm 时,其上口可采用第一皮先进 60mm,往上再进 120mm 的方法,以保证浇筑混凝土时上角密实。

构造柱的模板,必须与所在砖墙面严密贴紧,以防漏浆。在浇筑混凝土前,应将砖墙和模板浇水湿润,并将模板内的砂浆残块、砖渣等杂物清理干净。

浇筑构造柱的混凝土坍落度一般以 50～70mm 为宜。浇筑时宜采用插入式振动器,分层捣实,但振捣棒应避免直接触碰钢筋和砖墙,严禁通过砖墙传振,以免砖墙变形和灰缝开裂。

四、芯柱的施工

在芯柱部位,每层楼的第一皮砌块,应采用开口小砌块或 U 形小砌块,以形成清理口。

浇筑混凝土前,从清理口掏出砌块孔洞内的杂物,并用水冲洗孔洞内壁,将积水排出,用混凝土预制块封闭清理口。

芯柱混凝土应在砌完一个楼层高度后连续浇筑,并宜与圈梁同时浇筑,或在圈梁下留置施工缝。砌筑砂浆强度应大于 1MPa 后,方可浇灌芯柱混凝土。

为保证混凝土密实,混凝土内宜掺入流动性的外加剂,其坍落度不应小于 70mm,振捣混凝土宜用软轴插入式振捣器,分层捣实。

应事先计算每个芯柱的混凝土用量,按计算浇灌混凝土。

第六章

装 饰 工 程

第一节 常用施工机具

一、木结构施工机具

1. 电动圆锯

电动圆锯又称木材切割机，如图 6-1 所示，主要用于切割木夹板、木方条、装饰板等。施工时，常把电动圆锯反装在工作台面下，并使圆锯片从工作台面的开槽处伸出台面，以便切割木板和木方。

电动圆锯使用时，双手握稳电锯，开动手柄上的电钮，让其空转至正常速度，再进行锯切工作。操作者应戴防护眼镜或把头偏离锯片径向范围，以免木屑乱飞击伤眼睛。

图 6-1　电动圆锯

2. 电动曲线锯

电动曲线锯又称为电动线锯、垂直锯、直锯机、线锯机等,如图 6-2 所示。它由电动机、往复机构、机壳、开关、手柄、锯条等零件组成。电动曲线锯可以在金属、木材、塑料、橡胶皮条、泡沫塑料板等材料上切割直线或曲线,锯割复杂形状和曲率半径小的几何图形。锯条可分为粗齿、中齿、细齿三种,其中粗齿锯条适用于锯割木材,中齿锯条适用于锯割有色金属板材、层压板,细齿锯条适用于锯割钢板。

图 6-2　电动曲线锯

电动曲线锯锯割前应根据加工件的材料种类选取合适的锯条。若在锯割薄板时发现工件有反跳现象,表明锯齿太大,应调换细齿锯条。锯割时向前推力不能太猛,转角半径不宜小于 50mm。若卡住应立刻切断电源,退出锯条,再进行锯割。在锯割时不能将曲线锯任意提起,以防损坏锯条。使用过程中,发现不正常声响、火花过大、外壳过热、不运转或运转过慢时,应立即停锯,检查修复后再用。

3. 电刨

电刨又称手提式电刨、木工电刨,如图 6-3 所示,主要由电机、刨刀、刨刀调整装置和护板等组成。主要用于刨削木材或木结构件。开关带有锁定装置并附有台架的电刨,还可以翻转固定于台架上,作小型台刨使用。

图 6-3　电刨

电刨使用前,要检查电刨的各部件完整性和绝缘情况,确认没有问题后,方可投入使用。

操作时,双手前后握刨,推刨时,平稳匀速向前移动,刨到工件尽头时应将机身提起,以免损坏刨好的工件表面。

4. 电动木工修边机

电动木工修边机也称倒角机,如图 6-4 所示,由电机、刀头以及可调整角度的保护罩组成,配用各种成形铣刀,用于对各种木质工件的边棱或接口处进行整平、斜面加工或图形切割、开槽等。

图 6-4　电动木工修边机

使用时应用手正确把握,沿着加工件均匀运动,速度不宜太快,按事先的边线进行操作,以免损坏物件,使用后应切断电源,清除灰尘。

5. 电动、气动打钉枪

用于木龙骨上钉木夹板、纤维板、刨花板、石膏板等板材和各种装饰木线条。

电动打钉枪插入 220V 电源插座就可直接使用，如图 6-5 所示。气动打钉枪需与气泵连接。操作时用钉枪嘴压在需钉接处，再按下开关即可把钉子压入所钉面材内。

图 6-5　电动打钉枪

二、金属结构施工机具

1. 型材切割机

型材切割机，如图 6-6 所示，可分为单速型材切割机和双速型材切割机两种。它主要由电动机、切割动力头、变速机构、可转夹钳、砂轮片等部件组成。主要用于切割金属型材。它根据砂轮磨损原理，利用高速旋转的薄片砂轮进行切割，也可改换合金锯片切割木材、硬质塑料等，多用于金属内、外墙板、铝合金门窗安装，吊顶等装饰装修工程施工。

操作时用锯板上的夹具夹紧工件，按下手柄使砂轮片轻轻接触工件，平稳地匀速进行切割。因切割时有大量火星，须注意远离木器、油漆等易燃物品。

2. 电动角向磨光机

电动角向磨光机是供磨削用的电动工具，如图 6-7 所示。它主要由电机、传动机构、磨头和防护罩等组成，主要用于对

图 6-6　型材切割机

图 6-7　电动角向磨光机

金属型材进行磨光、除锈、去毛刺等作业，使用范围比较广泛。

　　磨光机使用的砂轮，必须是增强纤维树脂砂轮，安全线速度不小于 80m/s。使用的电缆和插头具有加强绝缘性能，不能任意用其他导线和插头更换或接长。操作时用双手平握住机身，再按下开关。以砂轮片的侧面轻触工件，并平稳地向前移动，磨到尽头时应提起机身，不可在工件上来回推磨，以免损坏砂轮片。电动角向磨光机转速很快，振动大，应保持磨光机的通风畅通、清洁，应经常清除油垢和灰尘。

3. 射钉枪

射钉枪是一种直接完成型材安装固定技术的工具,如图 6-8 所示。它主要由活塞、弹膛组件、击针、击针弹簧及枪体外套等部分组成。在装饰工程施工中,由枪击击发射钉弹,以弹内燃料的能量,将各种射钉直接钉入钢铁、混凝土或砖砌体等材料中去。射钉种类主要有一般射钉、螺纹射钉、带孔射钉三种。

图 6-8　射钉枪

使用射钉枪前要认真检查枪的完好程度,操作者最好经过专门训练。射击的基体必须稳固坚实,并且有抵抗射击冲力的刚度。扣动扳机后如发现子弹不发火,应再次按于基体上扣动扳机,如仍不发火,应仍保持原射击位置数秒后,再来回拉伸枪管,使下一颗子弹进入枪腔,再扣动扳机。

三、钻孔机具

1. 轻型手电钻

轻型手电钻又称手枪钻、手电钻、木工电钻,如图 6-9 所示,是用来对木材、塑料件、金属件等材料或工件进行小孔径钻孔的电动工具。操作时,注意钻头应垂直平稳进给,防止跳动和摇晃。要经常清除钻头旋出的碎渣,以免钻头扭断在工件中。

2. 冲击电钻

冲击电钻是带冲击的、可调节式旋转的特种电钻。冲击电钻由单相串激电机、传动机构、旋冲调节机构及壳体等部分组成。主要用于混凝土结构、砖结构、瓷砖地砖的钻孔,以便安装膨胀螺栓或木楔。

使用前,应检查冲击电钻完好情况,包括机体、绝缘、电

图 6-9 轻型手电钻

线、钻头等有无损坏。根据冲击、旋转要求,把调节开关调好,钻头垂直于工作面冲转。如使用中发现声音和转速不正常时,要立即停机检查;使用后,及时进行保养。电钻旋转正常后方可作业,钻孔时不能用力过猛。使用双速电钻,一般钻小孔时用高速,钻大孔时用低速。

3. 电锤

电锤主要由单相串激式电机、传动箱、曲轴、连杆、活塞机构、保险离合器、刀夹机构、手柄等组成,如图 6-10 所示。主要用于混凝土等结构表面剔、凿和打孔作业。作冲击钻使用时,则用于门窗、吊顶和设备安装中的钻孔,埋置膨胀螺栓。

图 6-10 电锤

使用电锤打孔时,首先保证电源的电压与铭牌上规定相符,电锤各部件紧固螺钉必须牢固,根据钻孔开凿情况选择合适的钻头,并安装牢靠。操作时工具必须垂直于工作面,不允许工具在孔内左右摆动,以免扭坏工具。电锤多为断续工作制,切勿长期连续使用,以免烧坏电动机。

第二节 抹 灰 施 工

一、抹灰工程施工要求

1. 抹灰工程分类

抹灰工程按照抹灰施工的部位,分为室外抹灰和室内抹灰。通常室内各部位的抹灰叫作内抹灰,如内墙、楼地面、天棚抹灰等;室外各部位的抹灰叫作外抹灰,如外墙面、雨篷和檐口抹灰等。按使用材料和装饰效果不同分为一般抹灰和装饰抹灰两大类。一般抹灰有水泥石灰砂浆、水泥砂浆、聚合物水泥砂浆以及麻刀灰、纸筋灰、石膏灰等;装饰抹灰有水刷石、水磨石、斩假石(剁斧石)、干粘石、拉毛灰、洒毛灰以及喷砂、喷涂、滚涂、弹涂等。

一般抹灰按使用要求、质量标准不同分为普通抹灰和高级抹灰两种。

(1)普通抹灰的质量要求分层涂抹、搽平、表面应光滑、洁净、接槎平整,分格缝应清晰。适用于一般居住、公共和工业建筑以及高级建筑物中的附属用房等。

(2)高级抹灰要求分层涂抹、搽平、表面应光滑、洁净、颜色均匀、无抹纹、接槎平整,分格缝和灰线应清晰美观,阴阳角方正。高级抹灰适用于大型公共建筑、纪念性建筑物以及有特殊要求的高级建筑等。

2. 抹灰层的组成

为了使抹灰层与基层黏结牢固,防止起鼓开裂,并使抹灰层的表面平整,保证工程质量,抹灰层应分层涂抹。

抹灰层一般由底层、中层和面层组成。底层主要起与基层(基体)黏结作用,中层主要起找平作用,面层主要起装饰美化作用。各层厚度和使用砂浆品种应视基层材料、部位、质量标准以及各地气候情况决定。抹灰层一般做法见表6-1。

表 6-1 　　　　　　　　　**抹灰层的一般做法**

层次	作用	基层材料	一 般 做 法
底层	主要起与基层黏结作用,兼起初步找平作用。砂浆稠度为10~20cm	砖墙	(1) 室内墙面一般采用石灰砂浆或水泥混合砂浆打底; (2) 室外墙面、门窗洞口外侧壁、屋檐、勒脚、压檐墙等及湿度较大的房间和车间宜采用水泥砂浆或水泥混合砂浆
		混凝土	(1) 宜先刷素水泥浆一道,采用水泥砂浆或混合砂浆打底; (2) 高级装修顶板宜用乳胶水泥砂浆打底
		加气混凝土	宜用水泥混合砂浆、聚合物水泥砂浆或掺增稠粉的水泥砂浆打底。打底前先刷一遍胶水溶液
		硅酸盐砌块	宜用水泥混合砂浆或掺增稠粉的水泥砂浆打底
		木板条、苇箔、金属网基层	宜用麻刀灰、纸筋灰或玻璃丝灰打底,并将灰浆挤入基层缝隙内,以加强拉结
		平整光滑的混凝土基层,如顶棚、墙体	可不抹灰,采用刮粉刷石膏或刮腻子处理
中层	主要起找平作用。砂浆稠度为7~8cm		(1) 基本与底层相同。砖墙则采用麻刀灰、纸筋灰或粉刷石膏; (2) 根据施工质量要求可以一次抹成,也可以分遍进行
面层	主要起装饰作用。砂浆稠度为10cm		(1) 要求平整、无裂纹、颜色均匀; (2) 室内一般采用麻刀灰、纸筋灰、玻璃丝灰或粉刷石膏;高级墙面用石膏灰。保温、隔热墙面按设计要求; (3) 室外常用水泥砂浆、水刷石、干粘石等

3. 抹灰层的平均总厚度

抹灰层的平均总厚度,应小于下列数值。

(1) 顶棚:板条、现浇混凝土和空心砖抹灰为 15mm;预制混凝土抹灰为 18mm;金属网抹灰为 20mm。

（2）内墙:普通抹灰两遍做法(一层底层,一层面层)为18mm;普通抹灰三遍做法(一层底层,一层中层和一层面层)为20mm;高级抹灰为25mm。

（3）外墙抹灰为20mm;勒脚及凸出墙面部分抹灰为25mm。

（4）石墙抹灰为35mm。

控制抹灰层平均总厚度的目的,主要是为了防止抹灰层脱落。

4. 一般抹灰的材料

（1）水泥。抹灰常用的水泥为普通硅酸盐水泥和矿渣硅酸盐水泥。水泥的品种、强度等级应符合设计要求。出厂3个月的水泥,应经试验后方能使用,受潮后结块的水泥应过筛试验后使用。水泥体积的安定性必须合格。

（2）石灰膏和磨细生石灰粉。块状生石灰须经熟化成石灰膏才能使用,在常温下,熟化时间不应少于15d;用于罩面的石灰膏,在常温下,熟化的时间不得少于30d。

块状生石灰碾碎磨细后的成品,即为磨细生石灰粉。罩面用的磨细生石灰粉的熟化时间不得少于3d。使用磨细生石灰粉粉饰,不仅具有节约石灰,适合冬季施工的优点,而且粉饰后不易出现膨胀、脱皮等现象。

（3）石膏。抹灰用石膏,一般用于高级抹灰或抹灰龟裂的补平。宜采用乙级建筑石膏,使用时磨成细粉无杂质,细度要求通过0.15mm筛孔,筛余量不大于10%。

（4）粉煤灰。粉煤灰作为抹灰掺合料,可以节约水泥,提高和易性。

（5）粉刷石膏。粉刷石膏是以建筑石膏粉为基料,加入多种添加剂和填充料等配制而成的一种白色粉料,是一种新型的装饰材料。常见的粉刷石膏有面层粉刷石膏、基层粉刷石膏、保温粉刷石膏等。

（6）砂。抹灰用砂最好是中砂,或粗砂与中砂混合掺用,也可以用细砂,但不宜于特细砂。抹灰用砂要求颗粒坚硬、洁净,使用前需要过筛(筛孔不大于5mm),不得含有黏土(不超过 2%)、草根、树叶、碱质及其他有机物等有害杂质。

(7) 麻刀、纸筋、稻草、玻璃纤维。麻刀、纸筋、稻草、玻璃纤维在抹灰层中起拉结和骨架作用,提高抹灰层的抗拉强度,增加抹灰层的弹性和耐久性,使抹灰层不易裂缝脱落。

除了一般抹灰和装饰抹灰以外,还有采用特种砂浆进行的具有特殊要求的抹灰。例如,钡砂(重晶石)砂浆抹灰,对 X 和 γ 射线有阻隔作用,常用作 X 射线探伤室、X 射线治疗室、同位素实验室等墙面抹灰。还有应用膨胀珍珠岩、膨胀蛭石作为骨料的保温隔热砂浆抹灰,不但具有保温隔热隔音性能,还具有无毒、无臭、不燃烧、质量密度轻的特点。

二、一般抹灰施工工艺

1. 抹灰基体的表面处理

为保证抹灰层与基体之间能黏结牢固,不致出现裂缝、空鼓和脱落等现象,在抹灰前基体表面上的灰土、污垢、油渍等应清除干净,基体表面凹凸明显的部位应施工前先剔平或用水泥砂浆补平。基体表面应具有一定的粗糙度。砖石基体面灰缝应砌成凹缝式,使砂浆能嵌入灰缝内与砖石基体黏结牢固。混凝土基体表面较光滑,应在表面先刷一道水泥浆或喷一道水泥砂浆疙瘩,如刷一道聚合物水泥浆效果更好。加气混凝土表面抹灰前应清扫干净,并需刷一道聚合物胶水溶液,然后才可抹灰。板条墙或板条顶棚,各板条之间应预留 8~10mm 缝隙,以便底层砂浆能压入板缝内结合牢固。当抹灰总厚度大于等于 35mm 时应采取加强措施。不同材料基体交接处表面的抹灰,应采取防开裂的加强措施,当采用加强网时,加强网与各基体的搭接宽度不应小于 100mm,如图 6-11 所示。对于容易开裂的部位,也应先设加强网以防止开裂。门窗框与墙连接处的缝隙,应用水泥砂浆嵌塞密实,以防因振动而引起抹灰层剥落、开裂。

2. 设置标筋

为了有效地控制墙面抹灰层的厚度与垂直度,使抹灰面平整,抹灰层涂抹前应设置标筋(又称冲筋),作为底、中层抹灰的依据。

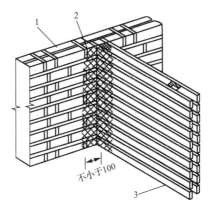

图 6-11　不同基层接缝处理

1—砖墙；2—钢丝网；3—板条墙

设置标筋时,先用托线板检查墙面的平整垂直程度,据以确定抹灰厚度(最薄处不宜小于 7mm),再在墙两边上角离阴角边 100～200mm 处按抹灰厚度用砂浆做一个四方形(边长约 50mm)标准块,称为"灰饼",然后根据这两个灰饼,用托线板或线锤吊挂垂直,做墙面下角的两个灰饼(高低位置一般在踢脚线上口),随后以上角和下角左右两灰饼面为准拉线,每隔 1.2～1.5m 上下加做若干灰饼,如图 6-12 所示。待灰饼稍干后在上下灰饼之间用砂浆抹上一条宽 100mm 左右

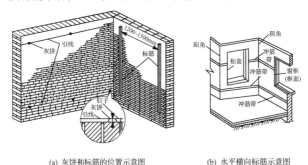

(a) 灰饼和标筋的位置示意图　　(b) 水平横向标筋示意图

图 6-12　挂线做标准灰饼及标筋

的垂直灰埂,此即为标筋,作为抹底层及中层的厚度控制和赶平的标准。

顶棚抹灰一般不做灰饼和标筋,而是在靠近顶棚四周的墙面上弹一条水平线以控制抹灰层厚度,并作为抹灰找平的依据。

3. 做护角

室内外墙面、柱面和门窗洞口的阳角容易受到碰撞而损坏,故该处应采用 1:2 水泥砂浆做暗护角,其高度不应低于 2m,每侧宽度不应小于 50mm,待砂浆收水稍干后,用捋角器抹成小圆角,如图 6-13 所示。要求抹灰阳角线条清晰、挺直、方正。

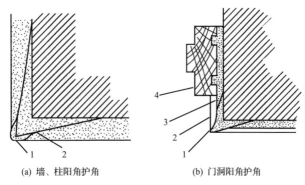

(a) 墙、柱阳角护角   (b) 门洞阳角护角

图 6-13   阳角护角

1—水泥砂浆护角;2—墙面砂浆;3—嵌缝砂浆;4—门框

4. 抹灰层的涂抹

当标筋稍干后,即可进行抹灰层的涂抹。涂抹应分层进行,以免一次涂抹厚度较厚,砂浆内外收缩不一致而导致开裂。一般涂抹水泥砂浆时,每遍厚度以 5～7mm 为宜;涂抹石灰砂浆和水泥混合砂浆时,每遍厚度以 7～8mm 为宜。

分层涂抹时,应防止涂抹后一层砂浆时破坏已抹砂浆的内部结构而影响与前一层的黏结,应避免几层湿砂浆合在一起造成收缩率过大,导致抹灰层开裂、空鼓。因此,水泥砂浆和水泥混合砂浆应待前一层抹灰层凝结后,再涂抹后一层;石灰砂浆应待前一层发白(约七八成干)后,再涂抹后一层。抹灰用的砂浆应具有良好的工作性(和易性),以便于操作。砂浆稠度一般宜控制为底层抹灰砂浆 100~120mm;中层抹灰砂浆 70~80mm。底层砂浆与中层砂浆的配合比应基本相同。中层砂浆强度不能高于底层,底层砂浆强度不能高于基体,以免砂浆在凝结过程中产生较大的收缩应力,破坏强度较低的抹灰底层或基体,导致抹灰层产生裂缝、空鼓或脱落。另外底层砂浆强度与基体强度相差过大时,由于收缩变形性能相差悬殊也易产生开裂和脱离,故混凝土基体上不能直接抹石灰砂浆。

为使底层砂浆与基体黏结牢固,抹灰前基体一定要浇水湿润,以防止基体过干而吸去砂浆中的水分,使抹灰层产生空鼓或脱落。砖基体一般宜浇水两遍,使砖面渗水深度达 8~10mm。混凝土基体宜在抹灰前 1d 即浇水,使水渗入混凝土表面 2~3mm。如果各层抹灰相隔时间较长,已抹灰砂浆层较干时,也应浇水湿润,才可抹下一层砂浆。

抹灰层除用手工涂抹外,还可利用机械喷涂。机械喷涂抹灰将砂浆的拌制、运输和喷涂过程有机地衔接起来。

5. 罩面压光

室内常用的面层材料有麻刀石灰、纸筋石灰、石膏灰等,应分层涂抹,每遍厚度为 1~2mm。经赶平压实后,面层总厚度对于麻刀石灰不得大于 3mm;对于纸筋石灰、石膏灰不得大于 2mm。罩面时应待底子灰五六成干后进行。如底子灰过干应先浇水湿润。分纵横两遍涂抹,最后用钢抹子压光,不得留抹纹。

室外抹灰常用水泥砂浆罩面。由于面积较大,为了不显接槎,防止抹灰层收缩开裂,一般应设有分格缝,留槎位置应留在分格缝处。由于大面积抹灰罩面抹纹不易压光,在阳光照射下极易显露而影响墙面美观,故水泥砂浆罩面宜用木抹子抹成毛面。为防止色泽不匀,应用同一品种与规格的原材料,由专人配料,采用统一的配合比,底层浇水要均匀,干燥程度基本一致。

三、装饰抹灰施工工艺

装饰抹灰工艺是采用装饰性强的材料,或用不同的处理方法以及在灰浆中加入各种颜料,使建筑物具备某种特定的色调和光泽。随着建筑工业生产的发展和人民生活水平的提高,这方面取得了很大发展,也出现很多新的工艺。

装饰抹灰的底层和中层的做法与一般抹灰要求相同,面层根据材料及施工方法的不同而具有不同的形式。下面介绍几种常用的饰面。

1. 水刷石

水刷石多用于室外墙面的装饰抹灰。对于高层建筑大面积水刷石,为加强底层与混凝土基体的黏结,防止空鼓、开裂,墙面要加钢筋做拉结网。施工时先用 12mm 厚的 1:3 水泥砂浆打底找平,待底层砂浆终凝后,在其上按设计的分格弹线安装分格木条,用水泥浆在两侧黏结固定,以防大片面层收缩开裂。然后将底层浇水润湿后刮水泥浆(水灰比 0.37~0.40)一道,以增加面层与底层的黏结。随即抹上稠度为 5~7cm、厚 8~12mm 的水泥石子浆(水泥:石子=1:1.25~1:1.50)面层,拍平压实,使石子密实且分布均匀。当水泥石子浆开始凝固时(大致是以手指按上去无指痕,用刷子刷石子,石子不掉下为准),用刷子从上而下蘸水刷掉石子间表层水泥浆,使石子露出灰浆面 1~2mm 为度。刷洗时间要严格掌握,刷洗过早或过度,则石子颗粒露出灰浆面过多,容易脱落;刷洗过晚,则灰浆洗不净,石子不显露,饰面浑浊不清晰,影响美观。水刷石的外观质量标准是石粒清晰、分布均匀、紧密平整、色泽一致、不得有掉粒和接槎痕迹。

2. 干粘石

干粘石主要是用于外墙面的装饰抹灰,施工时是在已经硬化的底层水泥砂浆层上按设计要求弹线分格,根据弹线镶嵌分格木条。将底层浇水润湿后,抹上一层 6mm 厚 1:2~1:2.5 的水泥砂浆层,随即紧跟着再抹一层 2mm 厚的 1:0.5 水泥石灰膏浆黏结层,同时将配有不同颜色或同色的粒径为 4～6mm 的石子甩粘拍平压实。拍时不得把砂浆拍出来，以免影响美观，要使石子嵌入深度不小于石子粒径的 1/2，待有一定强度后洒水养护。

上述为手工甩石子，亦可用喷枪将石子均匀有力地喷射于黏结层上，用铁抹子轻轻压一遍，使表面搓平。干粘石的质量要求是石粒黏结牢固、分布均匀、不掉石粒、不露浆、不漏粘、颜色一致。

3. 斩假石（剁斧石）

斩假石又称剁斧石，是仿制天然石料的一种饰面，用不同的骨料或掺入不同的颜料，可以仿制成仿花岗石、玄武石、青条石等。施工时先用 1∶2～1∶2.5 水泥砂浆打底，待 24h 后浇水养护，硬化后在表面洒水湿润，刮素水泥浆一道，随即用 1∶1.25 水泥石子浆（内掺 30％石屑）罩面，厚为 10mm；抹完后要注意防止日晒或冰冻，并养护 2～3d（强度达60％～70％）即可试剁，如石子颗粒不发生脱落便可正式斩假石加工；加工时用剁斧将面层斩毛，剁的方向要一致，剁纹深浅要均匀，一般两遍成活，分格缝周边、墙角、柱子的棱角周边留 15～20mm 不剁，即可做出似用石料砌成的装饰面。

4. 拉毛灰和洒毛灰

拉毛灰是将底层用水湿透，抹上 1∶（0.05～0.3）∶（0.5～1）水泥石灰罩面砂浆，随即用硬棕刷或铁抹子进行拉毛。棕刷拉毛时，用刷蘸砂浆往墙上连续垂直拍拉，拉出毛头。铁抹子拉毛时，则不蘸砂浆，只用抹子黏结在墙面随即抽回，要做到拉的快慢一致、均匀整齐、色泽一致、不露底，在一个平面上要一次成活，避免中断留槎。

洒毛灰（又称撒云片）是用茅草小帚蘸 1∶1 水泥砂浆或 1∶1∶4 水泥石灰砂浆，由上往下洒在湿润的底层上，洒出的云朵须错乱多变、大小相称、空隙均匀，形成大小不一而有规律的毛面。亦可在未干的底层上刷上颜色，再不均匀地洒上罩面灰，并用抹子轻轻压平，使其部分地露出带色的底子灰，使洒出的云朵具有浮动感。

5. 喷涂饰面

喷涂饰面工艺是用挤压式灰浆泵或喷斗将聚合物水泥砂浆经喷枪均匀喷涂在墙面底层上。这种砂浆由于掺入聚合物乳液因而具有良好的和易性及抗冻性，能提高装饰面层的表面强度与黏结强度。根据涂料的稠度和喷射压力的大小，以质感区分，可喷成砂浆饱满、呈波纹状的波面喷涂和表面布满点状颗粒的粒状喷涂。底层为厚 10～13mm 的 1∶3 水泥砂浆，喷涂前须喷或刷一道胶水溶液(108 胶∶水＝1∶3)，使基层吸水率趋近于一致，并确保与喷涂层黏结牢固。喷涂层厚 3～4mm，粒状喷涂应连续 3 遍完成；波面喷涂必须连续操作，喷至全部泛出水泥浆但又不至流淌为好。在大面喷涂后，按分格位置用铁皮刮子沿靠尺刮出分格缝。喷涂层凝固后再喷罩一层有机硅疏水剂。质量要求表面平整，颜色一致，花纹均匀，不显接槎。

6. 滚涂饰面

滚涂饰面是将带颜色的聚合物砂浆均匀涂抹在底层上，随即用平面或带有拉毛、刻有花纹的橡胶、泡沫塑料滚子，滚出所需的图案和花纹。其分层施工步骤：①10～13mm 厚水泥砂浆打底，木抹搓平；②粘贴分格条(施工前在分格处先刮一层聚合物水泥浆，滚涂前将涂有聚合物胶水溶液的电工胶布贴上，等饰面砂浆收水后揭下胶布)；③3mm 厚色浆罩面，随抹随用辊子滚出各种花纹；④待面层干燥后，喷涂有机硅水溶液。

滚涂砂浆的配合比为水泥∶骨料(砂子、石屑或珍珠岩)＝1∶0.5～1∶1，再掺入占水泥量 20％的 108 胶和 0.3％的木钙减水剂。手工操作滚涂分干滚、湿滚两种。干滚时滚子不蘸水、滚出的花纹较大，工效较高；湿滚时滚子反复蘸水，滚出花纹较小。滚涂工效比喷涂低，但便于小面积局部应用。滚涂应一次成活，多次滚涂易产生翻砂现象。

7. 弹涂饰面

弹涂饰面是用电动弹力器分几遍将不同色彩的聚合物水泥色浆弹到墙面上，形成 1～3mm 的圆状色点。由于色浆一般由 2～3 种颜色组成，不同色点在墙面上相互交错、相互衬托，犹如水刷石、干粘石，亦可做成单色光面、细麻面、小拉毛拍平等多种形式。这种工艺可在墙面上做底灰，再作弹涂饰面，也可直接弹涂在基层平整的混凝土板、加气板、石膏板、水泥石棉板等板材上。弹涂器有手动和电动两种，后者工效高，适合大面积施工。

弹涂的做法是在 1∶3 水泥砂浆打底的底层砂浆面上，洒水润湿，待干至 60%～70% 时进行弹涂。先喷刷底色浆一道，弹分格线，贴分格条，弹头道色点，待稍干后即弹两道色点，最后进行个别修弹，再进行喷射树脂罩面层。

第三节　饰面板与饰面砖施工

饰面工程是在墙柱表面镶贴或安装具有保护和装饰功能的块料而形成的饰面层。块料的种类可分为饰面板和饰面砖两大类。饰面板有石材饰面板（包括天然石材和人造石材）、金属饰面板、塑料饰面板、镜面玻璃饰面板等；饰面砖有釉面瓷砖、外墙面砖、陶瓷锦砖和玻璃马赛克等。

一、饰面板施工

1. 大理石、磨光花岗石、预制水磨石饰面施工

薄形小规格块材（边长小于 400mm、厚度 10mm 以下）工艺流程：基层处理→吊垂直、套方、找规矩、贴灰饼→抹底层砂浆→弹线分格→排块材→浸块材→镶贴块材→表面勾缝与擦缝。大规格块材（边长大于 400mm）工艺流程：施工准备（钻孔、剔槽→穿铜丝或镀锌丝与块材固定→绑扎、固定钢筋网→吊垂直、找规矩弹线→安装大理石、磨光花岗石或预制水磨石→分层灌浆→擦缝。

薄形小规格块材粘贴：

（1）基层处理和吊垂直、套方、找规矩，操作方法同镶贴面砖的施工方法。需要注意同一墙面不得有一排以上的非整砖，并应将其镶贴在较隐蔽的部位。

（2）在基层湿润的情况下，先刷 108 胶素水泥浆一道（内

掺水重 10％的 108 胶），随刷随打底；底灰采用 1：3 水泥砂浆，厚度约 12mm，分两遍操作，第一遍约 5mm，第二遍约 7mm，待底灰压实刮平后，将底子灰表面划毛。

（3）待底子灰凝固后便可进行分块弹线，随即将已湿润的块材抹上厚度为 2～3mm 的素水泥浆，内掺水重 20％的 108 胶进行镶贴（也可以用胶粉），用木槌轻敲，用靠尺找平找直。

大规格块材安装：

（1）钻孔、剔槽。安装前先将饰面板按照设计要求用台钻打眼，事先应钉木架使钻头直对板材上端面，在每块板的上、下两个面打眼，孔位打在距板宽的两端 1/4 处，每个面各打两个眼，孔径为 5mm，深度为 12mm，孔位距石板背面以 8mm 为宜（指钻孔中心）。如大理石或预制水磨石、磨光花岗石，板材宽度较大时，可以增加孔数。钻孔后用钢錾子把石板背面的孔壁轻轻剔一道槽，深 5mm 左右，连同孔洞形成象鼻眼，以备埋卧铜丝之用，如图 6-14 所示。

图 6-14　饰面板材打眼示意图

若饰面板规格较大，特别是预制水磨石和磨光花岗石板，如下端不好拴绑镀锌铁丝或铜丝时，亦可在未镶贴饰面板的一侧，采用手提轻便小薄砂轮（4～5mm），按规定在板高的 1/4 处上、下各开一槽（槽长 3～4mm，槽深约 12mm 与饰面板背面打通，竖槽一般居中，亦可偏外，但以不损坏外饰面和不反碱为宜），可将镀锌铁丝或铜丝卧入槽内，便可拴绑与钢筋网固定。

（2）穿钢丝或镀锌铁丝。把备好的铜丝或镀锌铁丝剪成长 20cm 左右，一端用木楔粘环氧树脂将铜丝或镀锌铁丝进孔内固定牢固,另一端将铜丝或镀锌铁丝顺孔槽弯曲并卧入槽内,使大理石或预制水磨石、磨光花岗石板上、下端面没有铜丝或镀锌铁丝突出,以便和相邻石板接缝严密。

(3)绑扎钢筋网。首先剔出墙上的预埋筋,把墙面镶贴大理石或预制水磨石的部位清扫干净。先绑扎一道竖向 φ6 钢筋,并把绑好的竖筋用预埋筋弯压于墙面。横向钢筋为绑扎大理石或预制水磨石、磨光花岗石板材所用,如板材高度为 60cm 时,第一道横筋在地面以上 10cm 处与主筋绑牢,用作绑扎第一层板材的下口固定铜丝或镀锌铁丝。第二道横筋在 50cm 水平线上 7~8cm,比石板上口低 2~3cm 处,用于绑扎第一层石板上口固定铜丝或镀锌铁丝,再往上每 60cm 绑一道横筋即可。

(4)弹线。首先将大理石或预制水磨石、磨光花岗石的墙面、柱面和门窗套用大线坠从上至下找出垂直(高层应用经纬仪找垂直)。应考虑大理石或预制水磨石、磨光花岗石板材厚度、灌注砂浆的空隙和钢筋网所占尺寸,一般大理石或预制水磨石、磨光花岗石外皮距结构面的厚度应以 5~7cm 为宜。找出垂直后,在地面上顺墙弹出大理石或预制水磨石板等外轮廓尺寸线(柱面和门窗套等同)。此线即为第一层大理石或预制水磨石等的安装基准线。编好号的大理石或预制水磨石板等在弹好的基准线上画出就位线,每块留 1mm 缝隙(如设计要求拉开缝,则按设计规定留出缝隙)。

(5)安装大理石或预制水磨石、磨光花岗石。按安装部位取石板并理直铜丝或镀锌铁丝,将石板就位,石板上口外仰,右手伸入石板背面,把石板下口铜丝或镀锌铁丝绑扎在横筋上。绑时不要太紧可留余量,只要把铜丝或镀锌铁丝和横筋拴牢即可(灌浆后即可锚固),把石板竖起,便可绑大理石或预制水磨石、磨光花岗石板上口铜丝或镀锌铁丝,并用木楔子垫稳,块材与基层间的缝隙(灌浆厚度)一般为 30~50mm。用靠尺板检查调整木楔,再拴紧铜丝或镀锌铁丝,依次向另一方进行。柱面可按顺时针方向安装,一般先从正面开始。第一层安装完毕再用靠尺板找垂直,水平尺找平整。

方尺找阴阳角方正,在安装石板时如出现石板规格不准确或石板之间的空隙不符,应用铅皮垫牢,使石板之间缝隙均匀一致,并保持第一层石板上口的平直。找完垂直、平整、方正后,用碗调制熟石膏,把调成粥状的石膏贴在大理石或预制水磨石、磨光花岗石板上下之间,使这两层石板结成一整体,木楔处亦可粘贴石膏,再用靠尺板检查有无变形,等石膏硬化后方可灌浆(如设计有嵌缝塑料软管者,应在灌浆前塞放好)。

(6) 灌浆。把配合比为1:2.5水泥砂浆放入半截大桶加水调成粥状(稠度一般为8～12cm),用铁簸箕舀浆徐徐倒入,注意不要碰大理石或预制水磨石板,边灌边用橡皮锤轻轻敲击石板面,使灌入砂浆排气。第一层浇灌高度为15cm,不能超过石板高度的1/3;第一层灌浆很重要,因要锚固石板的下口铜丝又要固定石板,所以要轻轻操作,防止碰撞和猛灌。如发生石板外移错动,应立即拆除重新安装。

第一次灌入15cm后停1～2h,等砂浆初凝,此时应检查是否有移动,再进行第二层灌浆,灌浆高度一般为20～30cm,待初凝后再继续灌浆。第三层灌浆至低于板上口5～10cm处为止。

(7) 擦缝。全部石板安装完毕后,清除所有石膏和余浆痕迹,用麻布擦洗干净,并按石板颜色调制色浆嵌缝,边嵌边擦干净,使缝隙密实、均匀、干净、颜色一致。

(8) 柱子贴面。安装柱面大理石或预制水磨石、磨光花岗石,其弹线、钻孔、绑钢筋和安装等工序与镶贴墙面方法相同。要注意灌浆前用木方子钉成槽形木卡子,双面卡住大理石板或预制水磨石板,以防止灌浆时大理石或预制水磨石、磨光花岗石板外胀。

夏期安装室外大理石或预制水磨石、磨光花岗石时,应有防止暴晒的可靠措施。

2. 大理石、花岗石干挂施工

干挂法的操作工艺包括选材、钻孔、基层处理、弹线、板材铺贴和固定六道工序。除钻孔和板材固定工序外,其余做法均同前。

（1）钻孔。由于相邻板材是用不锈销钉连接的，因此钻孔位置一定要准确，以便使板材之间的连接水平一致、上下平齐。钻孔前应在板材侧面按要求定位后，用电钻钻成直径为 5mm、孔深 12～15mm 的圆孔，然后将直径为 5mm 的销钉插入孔内。

（2）板材的固定。用膨胀螺栓将固定和支撑板块的连接件固定在墙面上，如图 6-15 所示。连接件是根据墙面与板块销孔的距离，用不锈钢加工成 L 形。为便于安装板块时调节销孔和膨胀螺栓的位置，在 L 形连接件上留槽形孔眼，待板块调整到正确位置时，随即拧紧膨胀螺栓螺帽进行固结，并用环氧树脂胶将销钉固定。

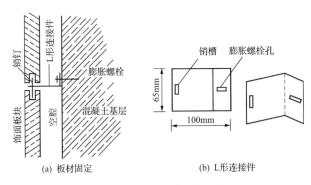

图 6-15　用膨胀螺栓固定板材

3. 金属饰面板施工

金属饰面板一般采用铝合金板、彩色压型钢板和不锈钢钢板。用于内、外墙面、屋面、顶棚等。亦可与玻璃幕墙或大玻璃窗配套应用，以及在建筑物四周的转角部位、玻璃幕墙的伸缩缝、水平部位的压顶等配套应用。

（1）吊直、套方、找规矩、弹线。根据设计图样的要求和几何尺寸，对镶贴金属饰面板的墙面进行吊直、套方、找规矩并依次实测和弹线，确定饰面墙板的尺寸和数量。

（2）固定骨架的连接件。骨架的横竖杆件是通过连接件与结构固定的,连接件与结构之间的固定可以与结构的预埋件焊接,也可以在墙上打膨胀螺栓进行固定。因后一种方法比较灵活,尺寸误差较小,容易保证位置的准确性,因而实际施工中采用得比较多。须在螺栓位置画线按线开孔。

（3）固定骨架。骨架应预先进行防腐处理。安装骨架位置要准确,结合要牢固。安装后应全面检查中心线、表面标高等。对高层建筑外墙,为了保证饰面板的安装精度,宜用经纬仪对横竖杆件进行贯通。变形缝、沉降缝等应妥善处理。

（4）金属饰面安装。墙板的安装顺序是从每面墙的竖向第一排下部第一块板开始,自下而上安装。安装完该面墙的第一排再安装第二排。每安装铺设 10 排墙板后,应吊线检查一次,以便及时消除误差。为了保证墙面外观质量,螺栓位置必须准确,并采用单面施工的钩形螺栓固定,使螺栓的位置横平竖直。固定金属饰面板的方法,常用的主要有两种:一是将板条或方板用螺丝拧到型钢或木架上,这种方法耐久性较好,多用于外墙;另一种是将板条卡在特制的龙骨上,此法多用于室内。

板与板之间的缝隙一般为 10～20mm,多用橡胶条或密封垫弹性材料处理。当饰面板安装完毕,要注意在易于被污染的部位用塑料薄膜覆盖保护。易被划、碰的部位应设安全栏杆保护。

（5）收口构造。水平部位的压顶、端部的收口、伸缩缝的处理、两种不同材料的交接处理等,不仅关系到装饰效果,而且对使用功能也有较大的影响。因此,一般多用特制的两种材质性能相似的成型金属板进行妥善处理。

转角处理方法,大多是用一条较厚的(1.5mm)的直角形金属板,与外墙板用螺栓连接固定。

窗台、女儿墙的上部,均属于水平部位的压顶处理,即用铝合金板盖住,使之能阻挡风雨浸透。水平桥的固定,一般先在基层焊上钢骨架,然后用螺栓将盖板固定在骨架上。盖板之间的连接采取搭接的方法(高处压低处,搭接宽度符合设计要求,并用胶密封)。

墙面边缘部位的收口处理,用颜色相似的铝合金成形板将墙板端部及龙骨部位封住。

墙面下端的收口处,用一条特制的披水板,将板的下端封住,同时将板与墙之间的缝隙盖住,防止雨水渗入室内。

伸缩缝、沉降缝的处理,首先要适应建筑物伸缩、沉降的需要,同时也应考虑装饰效果。此外,此部位也是防水的薄弱环节,其构造节点应周密考虑。一般可用氯丁橡胶带起连接、密封作用。

墙板的外、内包角及钢窗周围的泛水板等须在现场加工的异型件,应参考图样,对安装好的墙面进行实测套足尺,确定其形状尺寸,使其加工准确、便于安装。

二、饰面砖施工

外墙面砖施工工艺流程:基层处理→吊垂直、套方、找规矩→贴灰饼→抹底层砂浆→弹线分格→排砖→浸砖→镶贴面砖→面砖勾缝与擦缝。

1. 基层为混凝土墙面时施工工艺

(1)基层处理。首先将凸出墙面的混凝土剔平,对大钢模施工的混凝土墙面应凿毛,并用钢丝刷满刷一遍,再浇水湿润。如果基层混凝土表面很光滑时,亦可采取如下的"毛化处理"办法,即先将表面尘土、污垢清扫干净,用 10%火碱水将板面的油污刷掉,随之用净水将碱液冲净、晾干,然后用 1∶1 水泥细砂浆内掺水重 20%的 108 胶,喷或用笤帚将砂浆甩到墙上,其甩点要均匀,终凝后浇水养护,直至水泥砂浆疙瘩全部粘到混凝土光面上,并有较高的强度(用手掰不动)为止。

(2)吊垂直、套方、找规矩、贴灰饼。若建筑物为高层时,应在四大角和门窗口边用经纬仪打垂直线找直;如果建筑物为多层时,可从顶层开始用特制的大线坠绷铁丝吊垂直,然后根据面砖的规格尺寸分层设点、做灰饼。横线则以楼层为水平基准线交圈控制,竖向线则以四周大角和通天柱或垛子为基准线控制。每层打底时则以此灰饼作为基准点进行冲筋,使其底层灰做到横平竖直。同时要注意找好凸出檐口、腰线、窗台、雨篷等饰面的流水坡度和滴水线(槽)。

(3)抹底层砂浆。先刷一道掺水重10%的108胶水泥素浆,紧跟着分层分遍抹底层砂浆(常温时采用配合比为1∶3水泥砂浆),第一遍厚度约为5mm,抹后用木抹子搓平,隔天浇水养护;待第一遍6~7成干时,即可抹第二遍,厚度8~12mm,随即用木杠刮平、木抹子搓毛,隔天浇水养护,若需要抹第三遍时,其操作方法同第二遍,直至把底层砂浆抹平为止。

(4)分格弹线。待基层灰6~7成干时,即可按图样要求进行分段分格弹线,同时亦可进行面层贴标准点的工作,以控制面层出墙尺寸及垂直、平整。

(5)排砖。根据大样图及墙面尺寸进行横竖向排砖,以保证面砖缝隙均匀,符合设计图样要求。注意大墙面、通天柱子和垛子要排整砖,以及在同一墙面上的横竖排列,均不得有一行以上的非整砖。非整砖行应排在次要部位,如窗间墙或阴角处等。但亦要注意一致和对称。如遇有突出的卡件,应用整砖套割吻合不得用非整砖随意拼凑镶贴。

(6)浸砖。外墙面砖镶贴前,首先要将面砖清扫干净,放入净水中浸泡2h以上,取出待表面晾干或擦干净后方可使用。

(7)镶贴面砖。镶贴应自上而下进行。高层建筑采取措施后,可分段进行。在每一分段或分块内的面砖,均为自下而上镶贴。从最下一层面砖下皮的位置线先稳好靠尺,以此托住第一皮面砖。在面砖外皮上口拉水平通线,作为镶贴的标准。

在面砖背面可采用1∶2水泥砂浆或1∶0.2∶2=水泥∶白灰膏∶砂的混合砂浆镶贴,砂浆厚度为6~10mm,贴砖后用灰铲柄轻轻敲打,使之附线,再用钢片开刀调整竖缝,并用小杠通过标准点调整平面和垂直度。

另外一种做法是,用1∶1水泥砂浆加水重20%的108胶,在砖背面抹3~4mm厚粘贴即可。但此种做法其基层灰必须抹得平整,而且砂子必须用窗纱筛后使用。

另外也可用胶粉来粘贴面砖,其厚度为 2~3mm,用此种做法其基层灰必须更平整。

如要求面砖拉缝镶贴时,面砖之间的水平缝宽度用米厘条控制,米厘条用贴砖砂浆与中层灰临时镶贴,米厘条贴在已镶贴好的面砖上口,为保证其平整,可临时加垫小木楔。

女儿墙压顶、窗台、腰线等部位平面也要镶贴面砖时,除流水坡度符合设计要求外,应采取平面面砖压立面面砖的做法,预防向内渗水,引起空裂;同时还应采取立面中最低一排面砖必须压底平面面砖,并低出底平面面砖 3~5mm 的做法,让其起滴水线(槽)的作用,防止尿檐而引起空裂。

(8)面砖勾缝与擦缝。面砖铺贴拉缝时,用 1:1 水泥砂浆勾缝,先勾水平缝再勾竖缝,勾好后要求凹进面砖外表面 2~3mm。若横竖缝为干挤缝,或小于 3mm 者,应用白水泥配颜料进行擦缝处理。面砖缝勾完后,用布或棉丝蘸稀盐酸擦洗干净。

2. 基层为砖墙面时施工工艺

(1)抹灰前,墙面必须清扫干净,浇水湿润。

(2)大墙面和四角、门窗口边弹线找规矩,必须由顶层到底一次进行,弹出垂直线,并决定面砖出墙尺寸,分层设点、做灰饼。横线则以楼层为水平基线交圈控制,竖向线则以四周大角和通天垛、柱子为基准线控制。每层打底时则以此灰饼作为基准点进行冲筋,使其底层灰做到横平竖直。同时要注意找ови突出檐口、腰线、窗台、雨篷等饰面的流水坡度。

(3)抹底层砂浆。先把墙面浇水湿润,然后用 1:3 水泥砂浆刮一道,约 6mm 厚,紧跟着用同强度等级的灰与所冲的筋抹平,随即用木杠刮平,木抹子搓毛,隔天浇水养护。

其他同基层为混凝土墙面做法。

3. 基层为加气混凝土墙面时施工工艺

(1)用水湿润加气混凝土表面,修补缺棱掉角处。修补前,先刷一道聚合物水泥浆,然后用 1:3:9=水泥:白灰膏:砂子混合砂浆分层补平,隔天刷聚合物水泥浆并抹 1:

1：6混合砂浆打底，木抹子搓平，隔天浇水养护。

（2）用水湿润加气混凝土表面，在缺棱掉角处刷聚合物水泥浆一道，用1：3：9混合砂浆分层补平，待干燥后，钉金属网一层并绷紧。在金属网上分层抹1：1：6混合砂浆打底（最好采取机械喷射工艺），砂浆与金属网应结合牢固，最后用木抹子轻轻搓平，隔天浇水养护。

其他同基层为混凝土墙面做法。

第四节　地　面　施　工

一、地面工程层次构成及面层材料

按照现行国家标准《建筑工程施工质量验收统一标准》（GB 50300—2013）的规定，整体面层包括水泥混凝土面层、水泥砂浆面层、水磨石面层、水泥钢（铁）屑面层、防油渗面层、不发火（防爆的）面层；板块面层包括砖面层（陶瓷锦砖、缸砖、陶瓷地砖和水泥花砖面层）、大理石面层和花岗石面层、预制板块面层（水泥混凝土板块、水磨石板块面层）、料石面层（条石、块石面层）、塑料板面层、活动地板面层、地毯面层；木竹面层包括实木地板面层、实木复合地板面层、中密度（强化）复合地板面层、竹地板面层等。

二、整体面层施工

1. 水泥砂浆地面施工

水泥砂浆地面施工工艺流程：基层处理→找标高、弹线→洒水湿润→抹灰饼和标筋→搅拌砂浆→刷水泥浆结合层→铺水泥砂浆面层→木抹子搓平→铁抹子压第一遍→第二遍压光→第三遍压光→养护。施工工艺如下。

（1）基层处理：先将基层上的灰尘扫掉，用钢丝刷和錾子刷净，剔掉灰浆皮和灰渣层，用10％的火碱水溶液刷掉基层上的油污，并用清水及时将碱液冲净。

（2）找标高、弹线：根据墙上的＋50cm水平线，往下量测出面层标高，并弹在墙上。

（3）洒水湿润：用喷壶将地面基层均匀洒水一遍。

（4）抹灰饼和标筋（或称冲筋）：根据房间内四周墙上弹的面层标高水平线，确定面层抹灰厚度（不应小于 20mm），然后拉水平线开始抹灰饼（5cm×5cm），横竖间距为 1.5～2.0m，灰饼上平面即为地面面层标高。

如果房间较大，为保证整体面层平整度，还须抹标筋（或称冲筋），将水泥砂浆铺在灰饼之间，宽度与灰饼宽相同，用木抹子拍抹成与灰饼上表面相平一致。铺抹灰饼和标筋的砂浆材料配合比均与抹地面的砂浆相同。

（5）搅拌砂浆：水泥砂浆的体积比宜为 1∶2（水泥∶砂），其稠度不应大于 35mm，强度等级不应小于 M15。为了控制加水量，应使用搅拌机搅拌均匀，颜色一致。

（6）刷水泥浆结合层：在铺设水泥砂浆之前，应涂刷水泥浆一层，其水灰比为 0.4～0.5（涂刷之前要将抹灰饼的余灰清扫干净再洒水湿润），涂刷面积不要过大，随刷随铺面层砂浆。

（7）铺水泥砂浆面层：涂刷水泥浆之后紧跟着铺水泥砂浆，在灰饼之间（或标筋之间）将砂浆铺均匀，然后用木刮杠按灰饼（或标筋）高度刮平，铺砂浆时如果灰饼（或标筋）已硬化，木刮杠刮平后，同时将利用过的灰饼（或标筋）敲掉，并用砂浆填平。

（8）木抹子搓平：木刮杠刮平后，立即用木抹子搓平，从内向外退着操作，并随时用 2m 靠尺检查其平整度。

（9）铁抹子压第一遍：木抹子抹平后，立即用铁抹子压第一遍，直到出浆为止，如果砂浆过稀表面有泌水现象时，可均匀撒一遍干水泥和砂（1∶1）的拌和料（砂子要过 3mm 筛），再用木抹子用力抹压，使干拌料与砂浆紧密结合为一体，吸水后用铁抹子压平。如有分格要求的地面，在面层上弹分格线，用劈缝溜子开缝，再用溜子将分缝内压至平、直、光。上述操作均在水泥砂浆初凝之前完成。

（10）第二遍压光：面层砂浆初凝后，人踩上去有脚印但不下陷时，用铁抹子压第二遍，边抹压边把坑凹处填平，要求不漏压，表面压平、压光。有分格的地面压过后，应用溜子溜压,做到缝边光直、缝隙清晰、缝内光滑顺直。

（11）第三遍压光：在水泥砂浆终凝前进行第三遍压光（人踩上去稍有脚印），铁抹子抹上去不再有抹纹时，用铁抹子把第二遍抹压时留下的全部抹纹压平、压实、压光（必须在终凝前完成）。

（12）养护：地面压光完工后 24h，铺锯末或其他材料覆盖洒水养护，保持湿润，养护时间不少于 7d，当抗压强度达5MPa 才能上人。

2. 水磨石地面施工

水磨石地面施工工艺流程：基层处理→找标高、弹水平线→铺抹找平层砂浆→养护→弹分格线→镶分格条→拌制水磨石拌和料→涂刷水泥浆结合层→铺水磨石拌和料→滚压、抹平→试磨→粗磨→细磨→磨光→草酸清洗→打蜡上光。施工工艺如下。

（1）基层处理。将混凝土基层上的杂物清净，不得有油污、浮土。用钢錾子和钢丝刷将沾在基层上的水泥浆皮錾掉铲净。

（2）找标高、弹水平线。根据墙面上的＋50cm 标高线，往下量测出磨石面层的标高，弹在四周墙上，并考虑其他房间和通道面层的标高要相互一致。

（3）铺抹找平层砂浆。

1）根据墙上弹出的水平线，留出面层厚度（10～15mm厚），抹 1∶3 水泥砂浆找平层，为了保证找平层的平整度，先抹灰饼（纵横方向间距 1.5m 左右），大小 8～10cm。

2）灰饼砂浆硬结后，以灰饼高度为标准，抹宽度为 8～10cm 的纵横标筋。

3）在基层上洒水湿润，刷一道水灰比为 0.4～0.5 的水泥浆，面积不得过大，随刷浆随铺抹 1∶3 找平层砂浆，并用2m 长刮杠以标筋为标准进行刮平，再用木抹子搓平。

（4）养护。抹好找平层砂浆后养护 24h，待抗压强度达到 1.2MPa，方可进行下道工序施工。

（5）弹分格线。根据设计要求的分格尺寸，一般采用

1m×1m。在房间中部弹十字线,计算好周边的镶边宽度后,以十字线为准弹分格线。如果设计有图案要求时,应按设计要求弹出清晰的线条。

(6) 镶分格条。用小铁抹子抹稠水泥浆将分格条固定住(分格条安在分格线上),抹成30°八字形,如图6-16所示,高度应低于分格条条顶3mm,分格条应平直(上平必须一致)、牢固、接头严密,不得有缝隙,作为铺设面层的标志。另外在粘贴分格条时,在分格条十字交叉接头处,为了使拌和料填塞饱满,在距交点40~50mm内不抹水泥浆,如图6-17所示。

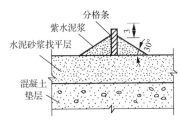

图 6-16 现制水磨石地面镶嵌分格条剖面示意

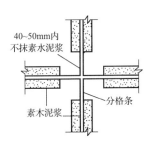

图 6-17 分格条交叉处正确的粘贴方法

当分格采用铜条时,应预先在两端头下部1/3处打眼,穿入22号铁丝,锚固于下口八字角水泥浆内。镶条后12h后开始浇水养护,最少2d,一般洒水养护3~4d,在此期间房间应封闭,禁止各工序进行。

(7) 拌制水磨石拌和料(或称石渣浆)。

1) 拌和料的体积比宜采用1:1.5~1:2.5(水泥:石

粒),要求配合比准确,拌和均匀。

2)使用彩色水磨石拌和料,除彩色石粒外,还加入耐光耐碱的矿物颜料,其掺入量为水泥重量的 3%～6%,普通水泥与颜料配合比、彩色石子与普通石子配合比,在施工前都须经试验室试验后确定。同一彩色水磨石面层应使用同厂、同批颜料。在拌制前应根据整个地面所需的用量,将水泥和所需颜料一次统一配好、配足。配料时不仅用铁铲拌和,还要用筛子筛匀后,用包装袋装起来存放在干燥的室内,避免受潮。彩色石粒与普通石粒拌和均匀后,集中贮存待用。

3)各种拌和料在使用前加水拌和均匀,稠度约 6cm。

(8)涂刷水泥浆结合层。先用清水将找平层洒水湿润,涂刷与面层颜色相同的水泥浆结合层,其水灰比宜为 0.4～0.5,要刷均匀,亦可在水泥浆内掺加胶黏剂,要随刷随铺拌和料,不得刷的面积过大,防止浆层风干导致面层空鼓。

(9)铺设水磨石拌和料。

1)水磨石拌和料的面层厚度,除有特殊要求的以外,宜为 12～18mm,并应按石料粒径确定。铺设时将搅拌均匀的拌和料先铺抹分格条边,后铺入分格条方框中间,用铁抹子由中间向边角推进,在分格条两边及交角处特别注意压实抹平,随抹随用直尺进行平度检查。如局部地面铺设过高时,应用铁抹子将其挖去一部分,再将周围的水泥石子浆拍挤抹平(不得用刮杠刮平)。

2)几种颜色的水磨石拌和料不可同时铺抹,要先铺抹深色的,后铺抹浅色的,待前一种凝固后,再铺后一种(因为深颜色的掺矿物颜料多,强度增长慢,影响机磨效果)。

(10)滚压、抹平。用滚筒滚压前,先用铁抹子或木抹子在分格条两边约 10cm 范围内轻轻拍实(避免将分格条挤移位)。滚压时用力要均匀(要随时清掉粘在滚筒上的石碴),应从横竖两个方向轮换进行,达到表面平整密实、出浆石粒均匀为止。待石粒浆稍收水后,再用铁抹子将浆抹平、压实,如发现石粒不均匀之处,应补石粒浆再用铁抹了拍平、压实。24h 后浇水养护。

（11）试磨。一般根据气温情况确定养护天数，温度在20～30℃时2～3d即可开始机磨，过早开磨石粒易松动；过迟造成磨光困难。所以需进行试磨，以面层不掉石粒为准。

（12）粗磨。第一遍用60～90号金刚石磨，使磨石机机头在地面上走横"8"字形，边磨边加水（如磨石面层养护时间太长，可加细砂，加快机磨速度），随时清扫水泥浆，并用靠尺检查平整度，直至表面磨平、磨匀，分格条和石粒全部露出（边角处用人工磨成同样效果），用水清洗晾干，然后用较浓的水泥浆（如掺有颜料的面层，应用同样掺有颜料配合比的水泥浆）擦一遍，特别是面层的洞眼小，孔隙要填实抹平，脱落的石粒应补齐，浇水养护2～3d。

（13）细磨。第二遍用90～120号金刚石磨，要求磨至表面光滑为止。然后用清水冲净，满擦第二遍水泥浆，仍注意小孔隙要细致擦严密，然后养护2～3d。

（14）磨光。第三遍用200号细金刚石磨，磨至表面石子显露均匀，无缺石粒现象，平整、光滑，无孔隙为度。

普通水磨石面层磨光遍数不应少于3遍，高级水磨石面层的厚度和磨光遍数及油石规格应根据设计确定。

（15）草酸擦洗。为了取得打蜡后显著的效果，在打蜡前磨石面层要进行一次适量限度的酸洗，一般均用草酸进行擦洗。使用时，将10％草酸溶液用扫帚蘸后洒在地面上，再用油石轻轻磨一遍；磨出水泥及石粒本色，再用水冲洗、软布擦干。此道操作必须在各工种完工后才能进行，经酸洗后的面层不得再受污染。

（16）打蜡上光。将蜡包在薄布内，在面层上薄薄涂一层，待干后用钉有帆布或麻布的木块代替油石，装在磨石机上研磨，用同样方法再打第二遍蜡，直到光滑洁亮为止。

三、板块面层施工

大理石、花岗石地面施工工艺流程：准备工作→试拼→弹线→试排→刷水泥浆及铺砂浆结合层→铺大理石块（或花岗石板块）→灌缝、擦缝→打蜡。施工工艺如下。

（1）准备工作。

1）以施工大样图和加工单为依据，熟悉了解各部位尺寸和做法，弄清洞口、边角等部位之间的关系。

2）基层处理。将地面垫层上的杂物清净，用钢丝刷刷掉黏结在垫层上的砂浆，并清扫干净。

（2）试拼。在正式铺设前，对每一房间的板块，应按图案、颜色、纹理试拼，将非整块板对称放在房门靠墙部位，试拼后按两个方向编号排列，然后按编号码放整齐。

（3）弹线。为了检查和控制板块的位置，在房间内拉十字控制线，弹在混凝土垫层上，并引至墙面底部，然后依据墙面＋50cm标高线找出面层标高，在墙上弹出水平标高线，弹水平线时要注意室内与楼道面层标高要一致。

（4）试排。在房间内的两个相互垂直的方向铺两条干砂，其宽度大于板块宽度，厚度不小于3cm，结合施工大样图及房间实际尺寸，把板块排好，以便检查板块之间的缝隙，核对板块与墙面、柱、洞口等部位的相对位置。

（5）刷水泥素浆及铺砂浆结合层。试铺后将干砂和板块移开，清扫干净，用喷壶洒水湿润，刷一层素水泥浆（水灰比为0.4～0.5，刷的面积不要过大，随铺砂浆随刷）。根据板面水平线确定结合层砂浆厚度，拉十字控制线，开始铺结合层干硬性水泥砂浆（一般采用1∶2～1∶3的干硬性水泥砂浆，干硬程度以手捏成团，落地即散为宜），厚度控制在放板块时宜高出面层水平线3～4mm。铺好后用大杠刮平，再用抹子拍实找平（铺摊面积不得过大）。

（6）铺砌板块。

1）板块应先用水浸湿，待擦干或表面晾干后方可铺设。

2）根据房间拉的十字控制线，纵横各铺一行，作为大面积铺砌标筋。依据试拼时的编号、图案及试排时的缝隙（板块之间的缝隙宽度，当设计无规定时不应大于1mm），在十字控制线交点开始铺砌。先试铺，即搬起板块对好纵横控制线铺落在已铺好的干硬性砂浆结合层上，用橡皮锤敲击木垫板（不得用橡皮锤或木槌直接敲击板块），振实砂浆至铺设高度后,将板块掀起移至一旁,检查砂浆表面与板块之间是否相吻合,如发现有空虚之处,应用砂浆填补,然后正式镶铺。先在水泥砂浆结合层上满浇一层水灰比为 0.5 的素水泥浆(用浆壶浇均匀),再铺板块,安放时四角同时往下落,用橡皮锤或木槌轻击木垫板,根据水平线用铁水平尺找平,铺完第一块,向两侧和后退方向顺序铺砌。铺完纵、横行之后有了标准,可分段分区依次铺砌,一般房间是先里后外进行,逐步退至门口,便于成品保护,但必须注意与楼道相呼应。也可从门口处往里铺砌,板块与墙角、镶边和靠墙处应紧密砌合,不得有空隙。

(7)灌缝、擦缝。在板块铺砌后 1~2d 进行灌浆擦缝。根据大理石(或花岗石)颜色,选择相同颜色矿物颜料和水泥(或白水泥)拌和均匀,调成 1:1 稀水泥浆,用浆壶徐徐灌入板块之间的缝隙中(可分几次进行),并用长把刮板把流出的水泥浆刮向缝隙内,至基本灌满为止。灌浆 1~2h 后,用棉纱团蘸原稀水泥浆擦缝与板面擦平,同时将板面上水泥浆擦净,使大理石(或花岗石)面层的表面洁净、平整、坚实,以上工序完成后,面层加以覆盖。养护时间不应小于 7d。

(8)打蜡。当水泥砂浆结合层达到强度后(抗压强度达到 1.2MPa 时),方可进行打蜡,使面层达到光滑洁亮。

四、木(竹)面层施工

普通木(竹)地板和拼花木地板按构造方法不同,有"实铺"和"空铺"两种,如图 6-18 所示。"空铺"是由木搁(多为搁)栅、企口板、剪刀撑等组成,一般均设在首层房间。当搁栅跨度较大时,应在房中间加设地垄墙,地垄墙顶上要铺油毡或抹防水砂浆及放置沿椽木。"实铺"是木搁栅铺在钢筋混凝土或垫层上,是由木搁栅及企口板等组成。施工工艺流程:安装木搁栅→钉木地板→刨平→净面细刨、磨光→安装踢脚板。施工工艺如下。

(1)安装木搁栅。

1)空铺法。在砖砌基础墙上和地垄墙上垫放通长沿椽木,用预埋的铁丝将其捆绑好,并在沿椽木表面画出各搁栅

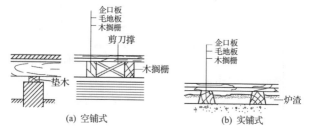

图 6-18　木板面层构造做法示意图

的中线，然后将搁栅对准中线摆好，端头离开墙面约 30mm 的缝隙，依次将中间的搁栅摆好。当顶面不平时，可用垫木或木楔在搁栅底下垫平，并将其钉牢在沿椽木上，为防止搁栅活动，应在固定好的木搁栅表面临时钉设木拉条，使之互相牵拉。搁栅摆正后，在搁栅上按剪刀撑的间距弹线，然后按线将剪刀撑钉于搁栅侧面，同一行剪刀撑要对齐顺线，上口齐平。

2) 实铺法。楼层木地板的铺设，通常采用实铺法施工，应先在楼板上弹出各木搁栅的安装位置线（间距约 400mm）及标高。将搁栅（断面呈梯形，宽面在下）放平、放稳，并找好标高，将预埋在楼板内的铁丝拉出，捆绑好木搁栅（如未预埋镀锌铁丝，可按设计要求用膨胀螺栓等方法固定木搁栅），然后把干炉渣或其他保温材料塞满两搁栅之间。

（2）钉木地板。

1) 条板铺钉。空铺的条板铺钉方法为剪刀撑钉完之后，可从墙的一边开始铺钉企口条板，靠墙的一块板应离墙面有 10～20mm 缝隙，以后逐块排紧，用钉从板侧凹角处斜向钉入，钉长为板厚的 2～2.5 倍，钉帽要砸扁，企口条板要钉牢、排紧。板的排紧方法一般可在木搁栅上钉扒钉一只，在扒钉与板之间夹一对硬木楔，打紧硬木楔就可以使板排紧。钉到最后一块企口板时，因无法斜着钉，可用明钉钉牢，钉帽要砸扁，冲入板内。企口板的接头要在搁栅中间，接头要互相错开，板与板之间应排紧，搁栅上临时固定的木拉条，应随企口板的安装随时拆去,铺钉完之后及时清理干净,先应垂直木纹方向粗刨一遍,再依顺木纹方向细刨一遍。

实铺条板铺钉方法同上。

2) 拼花木地板铺钉。硬木地板下层一般都钉毛地板,可采用纯棱料,其宽度不宜大于120mm,毛地板与搁栅成45°或30°方向铺钉,并应斜向钉牢,板间缝隙不应大于3mm,毛地板与墙之间应留10～20mm缝隙,每块毛地板应在每根搁栅上各钉两个钉子固定,钉子的长度应为板厚的2.5倍。铺钉拼花地板前,宜先铺设一层沥青纸(或油毡),作隔声和防潮之用。

在铺钉硬木拼花地板前,应根据设计要求的地板图案,一般应在房间中央弹出图案墨线,再按墨线从中央向四边铺钉。有镶边的图案,应先钉镶边部分,再从中央向四边铺钉,各块木板应相互排紧。对于企口拼装的硬木地板,应从板的侧边斜向钉入毛地板中,钉头不要露出,钉长为板厚的2～2.5倍。当木板长度小于30cm时,侧边应钉两个钉子,长度大于30cm时,应钉入3个钉子,板的两端应各钉1个钉固定。板块间缝隙不应大于0.3mm,面层与墙之间缝隙,应以木踢脚板封盖。钉完后,清扫干净刨光,刨刀吃口不应过深,防止板面出现刀痕。

3) 拼花地板黏结。采用沥青胶结料铺贴拼花木板面层时,其下一层应平整、洁净、干燥,并应先涂刷一遍同类底子油,然后用沥青胶结料随涂随铺,其厚度宜为2mm,在铺贴时木板块背面亦应涂刷一层薄而均匀的沥青胶结料。

当采用胶黏剂铺贴拼花板面层时,胶黏剂应通过试验确定。胶黏剂应存放在阴凉通风、干燥的室内。超过生产期3个月的产品,应取样检验,合格后方可使用,超过保质期的产品,不得使用。

(3)净面细刨、磨光。地板刨光宜采用地板刨光机(或六面刨),转速在5000r/min以上。长条地板应顺水纹刨,拼花地板应与地板木纹成45°斜刨。刨时不宜走得太快,刨口不要过大,要多走几遍,地板刨光机不用时应先将机器提起关闭,防止啃伤地面。机器刨不到的地方要用手刨,并用细刨净面。地板刨平后,应使用地板磨光机磨光,所用砂布应先粗后细,砂布应绷紧绷平,磨光方向及角度与刨光方向相同。

第五节　吊顶与轻质隔墙施工

一、吊顶施工

吊顶有直接式顶棚和悬吊式顶棚两种形式。直接式顶棚按施工方法和装饰材料的不同,可分为直接刷(喷)浆顶棚、直接抹灰顶棚、直接粘贴式顶棚(用胶黏剂粘贴装饰面层);悬吊式顶棚按结构形式分为活动式装配吊顶、隐蔽式装配吊顶、金属装饰板吊顶、开敞式吊顶和整体式吊顶(灰板条吊顶)等。

1. 木骨架罩面板顶棚施工

木骨架罩面板顶棚施工工艺:安装吊点紧固件→沿吊顶标高线固定沿墙边龙骨→刷防火涂料→在地面拼接木搁栅(木龙骨架)→分片吊装→与吊点固定→分片间的连接→预留孔洞→整体调整→安装胶合板→后期处理。

(1) 安装吊点紧固件。

1) 用冲击电钻在建筑结构底面按设计要求打孔,钉膨胀螺钉。

2) 用直径必须大于直径为 5mm 的射钉,将角铁等固定在建筑底面上。

3) 利用事先预埋吊筋固定吊点。

(2) 沿吊顶标高线固定沿墙边龙骨。

1) 遇砖墙面,可用水泥钉将木龙骨固定在墙面上。

2) 遇混凝土墙,先用冲击钻在墙面标高线以上 10mm 处打孔(孔的直径应大于 12mm,在孔内下木楔,木楔的直径要稍大于孔径),木楔下入孔内要达到牢固配合。木楔下完后,木楔和墙面应保持在同一平面,木楔间距为 0.5~0.8m。然后将边龙骨用钉固定在墙上。边龙骨断面尺寸应与吊顶木龙骨断面尺寸相同,边龙骨固定后其底边与吊顶标高线应齐平。

（3）刷防火涂料。木吊顶龙骨筛选后要刷 3 遍防火涂料，待晾干后备用。

（4）在地面拼接木搁栅（木龙骨架）。

1）先把吊顶面上需分片或可以分片的尺寸位置定出，根据分片的尺寸进行拼接前安排。

2）拼接接法将截面尺寸为 25mm×30mm 的木龙骨，在长木方向上按中心线距 300mm 的尺寸开出深 15mm、宽 25mm 的凹槽。然后按凹槽对凹槽的方法拼接，在拼口处用小圆钉或胶水固定。通常是先拼接大片的木搁栅，再拼接小片的木搁栅，但木搁栅最大片不能大于 10m²。

（5）分片吊装。平面吊顶的吊装先从一个墙角位置开始，将拼接好的木搁栅托起至吊顶标高位置。对于高度低于 3.2m 的吊顶木搁栅，可在木搁栅举起后用高度定位杆支撑，使搁栅的高度略高于吊顶标高线，高度大于 3m 时，则用铁丝在吊点上做临时固定。

（6）与吊点固定。与吊点固定有 3 种方法。

1）用木方固定。先用木方按吊点位置固定在楼板或屋面板的下面，然后，再用吊筋木方与固定在建筑顶面的木方钉牢。吊筋长短应大于吊点与木搁栅表面之间的距离 100mm 左右，便于调整高度。吊筋应在木龙骨的两侧固定后再截去多余部分。吊筋与木龙骨钉接处每处不许少于两只铁钉。如木龙骨搭接间距较小，或钉接处有劈裂、腐朽、虫眼等缺陷，应换掉或立刻在木龙骨的吊挂处钉挂上 200mm 长的加固短木方。

2）用角铁固定。在需要上人和一些重要的位置，常用角铁做吊筋与木搁栅固定连接。其方法是在角铁的端头钻 2～3 个孔做调整。角铁在木搁栅的角位上，用两只木螺钉固定。

3）用扁铁固定。将扁铁的长短先测量截好，在吊点固定端钻出两个调整孔，以便调整木搁栅的高度。扁铁与吊点件用 M6 螺栓连接，扁铁与木龙骨用两只木螺钉固定。扁铁端头不得长出木搁栅下平面。

(7) 分片间的连接。分片间的连接有两种情况:两分片木搁栅在同一平面对接,先将木搁栅的各端头对正,然后用短木方进行加固;对分片木搁栅不在同一平面,平面吊顶处于高低面连接,先用一条木方斜位地将上下两平面木搁栅架定位,再将上下平面的木搁栅用垂直的木方条固定连接。

(8) 预留孔洞。预留灯光盘、空调风口、检修孔位置。

(9) 整体调整。各个分片木搁栅连接加固后,在整个吊顶面下用尼龙线或棒线拉出十字交叉标高线,检查吊顶平面的平整度,吊顶起拱一般可按 7～10m 跨度为 3/1000 的起拱量,10～15m 跨度为 5/1000 起拱量。

(10) 安装胶合板。

1) 按设计要求将挑选好的胶合板正面向上,按照木搁栅分格的中心线尺寸,在胶合板正面上画线。

2) 板面倒角:在胶合板的正面四周按宽度为 2～3mm 刨出 45°倒角。

3) 钉胶合板:将胶合板正面朝下,托起到预定位置,使胶合板上的画线与木搁栅中心线对齐,用铁钉固定。钉距为 80～150mm,钉长为 25～35mm,钉帽应砸扁钉入板内,钉帽进入板面 0.5～1mm,钉眼用油性腻子抹平。

4) 固定纤维板:钉距为 80～120mm,钉长为 20～30mm,钉帽进入板面 0.5mm。钉眼用油性腻子抹平。硬质纤维板用前应先用水浸透,自然阴干后安装。

5) 胶合板、纤维板、木丝板要钉木压条,先按图纸要求的间距尺寸在板面上弹线。以墨线为准,将压条用钉子左右交错钉牢,钉距不应大于 200mm,钉帽应砸扁顺着木纹打入木压条表面 0.5～1mm,钉眼用油性腻子抹平。木压条的接头处,用小齿锯制角,使其严密平整。

(11) 后期处理。按设计要求进行刷油,裱糊,喷涂。最后安装 PVC 塑料板。

2. 轻钢骨架罩面板顶棚施工

轻钢骨架罩面板顶棚施工工艺流程:弹顶棚标高水平线→画龙骨分档线→安装主龙骨吊杆→安装主龙骨→安装次

龙骨→安装罩面板→刷防锈漆→安装压条。施工工艺如下。

（1）弹顶棚标高水平线。根据楼层标高水平线，用尺竖向量至顶棚设计标高，沿墙、柱四周弹顶棚标高水平线。

（2）画龙骨分档线。按设计要求的主、次龙骨间距布置，在已弹好的顶棚标高水平线上画龙骨分档线。

（3）安装主龙骨吊杆。弹好顶棚标高水平线及龙骨分档位置线后，确定吊杆下端头的标高，按主龙骨位置及吊挂间距，将吊杆无螺栓丝扣的一端与楼板预埋钢筋连接固定。未预埋钢筋时可用膨胀螺栓。

（4）安装主龙骨。

1）配装吊杆螺母。

2）在主龙骨上安装吊挂件。

3）安装主龙骨：将组装好吊挂件的主龙骨，按分档线位置使吊挂件穿入相应的吊杆螺栓，拧好螺母。

4）主龙骨相接处装好连接件，拉线调整标高、起拱和平直。

5）安装洞口附加主龙骨，按图集相应节点构造，设置连接卡固件。

6）钉固边龙骨，采用射钉固定。设计无要求时，射钉间距为 1000mm。

（5）安装次龙骨。

1）按已弹好的次龙骨分档线，卡放次龙骨吊挂件。

2）吊挂次龙骨：按设计规定的次龙骨间距，将次龙骨通过吊挂件吊挂在大龙骨上，设计无要求时，一般间距为 500～600mm。

3）当次龙骨长度需多根延续接长时，用次龙骨连接件，在吊挂次龙骨的同时相接，调直固定。

4）当采用 T 形龙骨组成轻钢骨架时，次龙骨的卡档龙骨应在安装罩面板时，每装一块罩面板先后各装一根卡档次龙骨。

（6）安装罩面板。在安装罩面板前必须对顶棚内的各种管线进行检查验收，并经打压试验合格后，才允许安装罩面板。顶棚罩面板的品种繁多,在设计文件中应明确选用的种类、规格和固定方式。罩面板与轻钢骨架固定的方式分为罩面板自攻螺钉钉固法、罩面板胶黏结固法,罩面板托卡固定法等。

1) 罩面板自攻螺钉钉固法。在已装好并经验收的轻钢骨架下面,按罩面板的规格、拉缝间隙,进行分块弹线,从顶棚中间顺通长次龙骨方向先装一行罩面板,作为基准,然后向两侧伸延分行安装,固定罩面板的自攻螺钉间距为150~170mm。

2) 罩面板胶黏结固法。按设计要求和罩面板的品种、材质选用胶黏结材料,一般可用401胶黏结,罩面板应经选配修整,使厚度、尺寸、边楞一致、整齐。每块罩面板黏结时应预装,然后在预装部位龙骨框底面刷胶,同时在罩面板四周边宽10~15mm的范围刷胶,经5min后,将罩面板压粘在预装部位;每间顶棚先由中间行开始,然后向两侧分行黏结。

3) 罩面板托卡固定法。当轻钢龙骨为T形时,多为托卡固定法安装。

T形轻钢龙骨安装完毕,经检查标高、间距、平直度和吊挂荷载符合设计要求,垂直于通长次龙骨弹分块及卡档龙骨线。罩面板安装由顶棚的中间行次龙骨的一端开始,先装一根边卡档次龙骨,再将罩面板槽托入T形次龙骨翼缘或将无槽的罩面板装在T形翼缘上,然后安装另一侧长档次龙骨。按上述程序分行安装,最后分行拉线调整T形明龙骨。

(7) 安装压条。罩面板顶棚如设计要求有压条,待一间顶棚罩面板安装后,经调整位置,使拉缝均匀,对缝平整,按压条位置弹线,然后接线进行压条安装。其固定方法宜用自攻螺钉,螺钉间距为300mm;也可用胶黏结料粘贴。

(8) 刷防锈漆。轻钢骨架罩面板顶棚,碳钢或焊接处未做防腐处理的表面(如预埋件、吊挂件、连接件、钉固附件等),在各工序安装前应刷防锈漆。

二、轻质隔墙工程

1. 钢丝网架夹芯板隔墙

钢丝网架夹芯墙板是以三维构架式钢丝网为骨架,以膨胀珍珠岩、阻燃型聚苯乙烯泡沫塑料、矿棉、玻璃棉等轻质材料为芯材,由工厂制成面密度为 $4\sim20kg/m^2$ 的钢丝网架夹芯板,然后在其两面喷抹 20mm 厚水泥砂浆面层的新型轻质墙板。

钢丝网架夹芯墙板施工工艺流程:清理→弹线→墙板安装→墙板加固→管线敷设→墙面粉刷。施工工艺如下。

(1) 弹线。在楼地面、墙体及顶棚面上弹出墙板双面边线,边线间距为 80mm(板厚),用线坠吊垂直,以保证对应的上下线在一个垂直平面内。

(2) 墙板安装。钢丝网架夹芯墙体施工时,按排列图将板块就位,一般是按由下至上、从一端向另一端顺序安装。

1) 将结构施工时预埋的两根直径为 6mm,间距为 400mm 的锚筋与钢丝网架焊接或用钢丝绑扎牢固。也可通过直径为 8mm 的胀铆螺栓加 U 形码(或压片),或打孔植筋,把板材固定在结构梁、板、墙、柱上。

2) 板块就位前,可先在墙板底部安装位置满铺 1∶2.5 水泥砂浆垫层,砂浆垫层厚度不小于 35mm,使板材底部填满砂浆。有防渗漏要求的房间,应做高度不低于 100mm 的细石混凝土墙垫,待其达到一定强度后,再进行钢丝网架夹芯板的安装。

3) 墙板拼缝、墙体阴阳角、门窗洞口等部位,均应按设计构造要求采用配套的钢网片覆盖或槽形网加强,用箍码固定或用钢丝绑牢。钢丝网架边缘与钢网片相交点用钢丝绑扎紧固,其余部分相交点可相隔交错扎牢,不得有变形、脱焊现象。

4) 板材拼接时,接头处芯材若有空隙,应用同类芯材补充、填实、找平。门窗洞口应按设计要求进行加固,一般洞口周边设置的槽形网(300mm)和洞口四角设置的 45°加强钢网片(可用长度不小于 500mm 的"之"字条)应与钢网架用金属丝捆扎牢固。如设置洞边加筋,应与钢丝网架用金属丝绑扎定位;如设置通天柱,应与结构梁、板的预留锚筋或预埋件焊接固定。门窗框安装,应与洞口处的预埋件连接固定。

5) 墙板安装完成后,检查板块间以及墙板与建筑结构之间的连接,确定是否符合设计规定的构造要求及墙体稳定性的要求,并检查暗设管线、设备等隐蔽部分施工质量以及墙板表面平整度是否符合要求;同时对墙板安装质量进行全面检查。

(3) 暗管、暗线与暗盒安装。安装暗管、暗线与暗盒等应与墙板安装相配合,在抹灰前进行。按设计位置将板材的钢丝剪开,剔除管线通过位置的芯材,把管、线或设备等埋入墙体内,上、下用钢筋码与钢丝网架固定,周边填实。埋设处表面另加钢网片覆盖补强,钢网片与钢丝网架用点焊连接或用金属丝绑扎牢固。

(4) 水泥砂浆面层施工。钢丝网架夹芯板墙体安装完毕并通过质量检查,即可进行墙面抹灰。

1) 将钢丝网架夹芯板墙体四周与建筑结构连接处(25～30mm 宽缝)的缝隙用 1∶3 水泥砂浆填实。清理好钢丝网架与芯材结构的整体稳定效果,墙面做灰饼、设标筋;重要的阳角部位应按国家标准规定及设计要求做护角。

2) 水泥砂浆抹灰层施工可分 3 遍完成,底层厚 12～15mm;中层厚 8～10mm;罩面层厚 2～5mm。水泥砂浆抹灰层的平均总厚度不小于 25mm。

3) 可采用机械喷涂抹灰。若人工抹灰时,以自下而上为宜。底层抹灰后,应用木抹子反复揉搓,使砂浆密实并与墙体的钢丝网及芯材紧密黏结,且使抹灰表面保持粗糙。待底层砂浆终凝后,适当洒水润湿,即抹中层砂浆,表面用刮板找平、搓毛。两层抹灰均应采用同一配合比的砂浆。水泥砂浆抹灰层的罩面层,应按设计要求的装饰材料抹面。当罩面层需掺入其他防裂材料时,应经试验合格后方可使用。在钢丝网架夹芯墙板的一面喷灰时,注意防止芯材位置偏移。尚应注意,每一水泥砂浆抹灰层的砂浆终凝后,均应洒水养护;墙体两面抹灰的时间间隔,不得小于 24h。

2. 木龙骨隔墙工程

采用木龙骨作墙体骨架,以 4～25mm 厚的建筑平板作罩面板,组装而成的室内非承重轻质墙体,称为木龙骨隔墙。

木龙骨隔墙分为全封隔墙、有门窗隔墙和隔断 3 种,其结构形式不尽相同。大木方构架结构的木隔墙,通常用断面为 50mm×80mm 或 50mm×100mm 的大木方做主框架,框体规格为@500 的方框架或 500mm×800mm 的长方框架,再用 4～5mm 厚的木夹板做基面板。该结构多用于墙面较高较宽的隔墙。为了使木隔墙有一定的厚度,常用 25mm×30mm 带凹槽木方作成双层骨架的框体,每片规格为@300 或@400,间隔为 150mm,用木方横杆连接。单层小木方构架常用断面为 25mm×30mm 的带凹槽木方组装,框体规格为@300,多用于 3m 以下隔墙或隔断。

木龙骨隔墙工程施工工艺流程:弹线→钻孔→安装木骨架→安装饰面板→饰面处理。

(1) 弹线、钻孔。在需要固定木隔墙的地面和建筑墙面上弹出隔墙的边缘线和中心线,画出固定点的位置,间距 300～400mm,打孔深度在 45mm 左右,用膨胀螺栓固定。如用木楔固定,则孔深应不小于 50mm。

(2) 木骨架安装。

1)木骨架的固定通常是在沿墙、沿地和沿顶面处。对隔断来说,主要是靠地面和端头的建筑墙面固定。如端头无法固定,常用铁件来加固端头,加固部位主要是在地面与竖木方之间。对于木隔墙的门框竖向木方,均应用铁件加固,否则会使木隔墙颤动、门框松动以及木隔墙松动。

2)如果隔墙的顶端不是建筑结构,而是吊顶,处理方法区分不同情况而定。对于无门隔墙,只需相接缝隙小,平直即可;对于有门的隔墙,考虑到振动和碰动,所以顶端必须加固,即隔墙的竖向龙骨应穿过吊顶面,再与建筑物的顶面进行固定。

3)木隔墙中的门框是以门洞两侧的竖向木方为基体,配以挡位框、饰边板或饰边线条组合而成;大木方骨架隔墙门洞竖向木方较大,其挡位框可直接固定在竖向木方上;小木方双层构架的隔墙,因其木方小,应先在门洞内侧钉上厚夹板或实木板之后,再固定挡位框。

4)木隔墙中的窗框是在制作时预留的,然后用木夹板和木线条进行压边定位;隔断墙的窗也分固定窗和活动窗,固定窗是用木压条把玻璃板固定在窗框中,活动窗与普通活动窗一样。

(3)饰面板安装。墙面木夹板的安装方式主要有明缝和拼缝两种。明缝固定是在两板之间留一条有一定宽度的缝,图样无规定时,缝宽以 8～10mm 为宜;明缝如不加垫板,则应将木龙骨面刨光,明缝的上下宽度应一致,锯割木夹板时,应用靠尺来保证锯口的平直度与尺寸的准确性,并用零号砂纸修边。拼缝固定时,要对木夹板正面四边进行倒角处理(45°×3mm),以使板缝平整。

3. 轻钢龙骨隔墙工程

采用轻钢龙骨作墙体骨架,以 4～25mm 厚的建筑平板作罩面板,组装而成的室内非承重轻质墙体,称为轻钢龙骨隔墙。

隔墙所用的轻钢龙骨主件及配件、紧固件(包括射钉、膨胀螺钉、镀锌自攻螺钉、嵌缝料等)均应符合设计要求;轻钢龙骨还应满足防火及耐久性要求。

轻钢龙骨隔墙施工工艺流程:基层清理→定位放线→安装沿顶龙骨和沿地龙骨→安装竖向龙骨→安装横向龙骨→安装通贯龙骨(采用通贯龙骨系列时)、横撑龙骨、水电管线→安装门窗洞口部位的横撑龙骨→各洞口的龙骨加强及附加龙骨安装→检查骨架安装质量,并调整校正→安装墙体一侧罩面板→板面钻孔安装管线固定件→安装填充材料→安装另一侧罩面板→接缝处理→墙面装饰。

(1)施工前应先完成基本的验收工作,石膏罩面板安装应在屋面、顶棚和墙抹灰完成后进行。

(2)弹线定位。墙体骨架安装前,按设计图样检查现场,进行实测实量,并对基层表面予以清理。在基层上按龙骨的宽度弹线,弹线应清晰,位置应准确。

（3）安装沿地、沿顶龙骨及边端竖龙骨。沿地、沿顶龙骨及边端竖龙骨可根据设计要求及具体情况采用射钉、膨胀螺钉或按所设置的预埋件进行连接固定。沿地、沿顶龙骨固定射钉或胀铆螺钉固定点间距,一般为 600～800mm。边框竖龙骨与建筑基体表面之间,应按设计规定设置隔声垫或满嵌弹性密封胶。

（4）安装竖向龙骨:竖向龙骨的长度应比沿地、沿顶龙骨内侧的距离尺寸短 15mm。竖向龙骨准确垂直就位后,即用抽芯铆钉将其两端分别与沿地、沿顶龙骨固定。

（5）安装横向龙骨。当采用有配件龙骨体系时,其通贯龙骨在水平方向穿过各条竖向龙骨上的贯通孔,由支撑卡在两者相交的开口处连接稳。对于无配件龙骨体系,可将横向龙骨(可由竖向龙骨截取或采用加强龙骨等配套横撑型材)端头剪开折弯,用抽芯铆钉与竖向龙骨连接固定。

（6）墙体龙骨骨架的验收。龙骨安装完毕,有水电设施的工程,尚需由专业人员按水电设计进行暗管、暗线及配件等安装进行检查验收。墙体中的预埋管线和附墙设备按设计要求采取加强措施。在罩面板安装之前,应检查龙骨骨架的表面平整度、立面垂直度及稳定性。

4. 平板玻璃隔墙工程

平板玻璃隔墙龙骨常用的有金属龙骨平板玻璃隔墙和木龙骨平板玻璃隔墙。常用的金属龙骨为铝合金龙骨。铝合金龙骨的平板玻璃隔墙施工工艺流程:弹线→铝合金下料→安装框架→安装玻璃。

（1）弹线。主要弹出地面、墙面位置线及高度线。

（2）铝合金下料。首先是精确画线,精度要求为±0.5mm,画线时注意不要碰坏型材表面。下料要使用专门的铝材切割机,要求尺寸准确、切口平滑。

（3）金属框架安装。半高铝合金玻璃隔断通常是先在地面组装好框架后,再竖立起来固定,通高的铝合金玻璃隔墙通常是先固定竖向型材,再安装框架横向型材。铝合金型材相互连接主要是用铝角和自攻螺钉。铝合金型材与地面、墙面的连接则主要是用铁脚固定法。

型材的安装连接主要是竖向型材与横向型材的垂直结合,目前所采用的方法主要是铝角件连接法。铝角件连接的作用有两个方面,一方面是连接,另一方面是起定位作用,防止型材安装后转动。对连接件的基本要求是有一定的强度和尺寸准确,所用的铝角通常是厚铝角,其厚度为 3mm 左右。铝角件与型材的固定,通常用自攻螺钉,通常为半圆头 M4×20 或 M5×20。

需要注意的是,为了美观,自攻螺钉的安装位置应在较隐蔽处。通常的处理方法,如对接处在 1.5m 以下,自攻螺钉头安装在型材的下方;如对接处在 1.8m 以上,自攻螺钉安装在型材的上方。在固定铝角件时就应注意其弯角的方向。

(4) 玻璃安装。建议使用安全玻璃,如钢化玻璃的厚度不小于 5mm,夹层玻璃的厚度不小于 6.38mm。对于无框玻璃隔墙,应使用厚度不小于 10mm 的钢化玻璃,以保证使用的安全性。

玻璃安装应符合门窗工程的有关规定。铝合金隔墙的玻璃安装方式有两种,一种是安装于活动窗扇上,另一种是直接安装于型材上。前者需在制作铝合金活动窗时同时安装。在型材框架上安装玻璃,应先按框洞的尺寸缩 3～5mm 裁玻璃,以防止玻璃的不规整和框洞尺寸的误差,而造成装不上玻璃的问题。玻璃在型材框架上的固定,应用与型材同色的铝合金槽条,在玻璃两侧夹定,槽条可用自攻螺钉与型材固定,并在铝槽与玻璃间加玻璃胶密封。

平板玻璃隔墙的玻璃边缘不得与硬性材料直接接触,玻璃边缘与槽底隙不应小于 5mm。玻璃嵌入墙体、地面和顶面的槽口深度应符合相关规定,当玻璃厚 5～6mm 时,为 8mm;当玻璃厚 8～12mm 时,为 10mm。玻璃与槽口的前后空隙亦应符合有关规定,当玻璃厚 5～6mm 时,为 2.5mm;当玻璃厚 8～12mm 时,为 3mm。这些缝隙用弹性密封胶或橡胶条填嵌。

玻璃底部与槽底空隙间,应用不少于两块的 PVC 垫块或硬橡胶垫块支撑,支撑块长度不小于 10mm。玻璃平面与两边槽口空隙应使用弹性定位块衬垫,定位块长度不小于 25mm。支撑块和定位块应设置在距槽角不小于 300mm 或 1/4 边长的位置。

对于纯粹为采光而设置的平板落地玻璃分隔墙,应在距地面 1.5～1.7m 处的玻璃表面用装饰图案设置防撞标志。

第六节 门 窗 施 工

常见的门窗类型有木门窗、铝合金门窗、塑料门窗、彩板门窗和特种门窗。门窗工程的施工可分为两类,一类是由工厂预先加工拼装成型,在现场安装;另一类是在现场根据设计要求加工制作即时安装。

1. 木门窗安装

木门窗安装工艺流程:弹线找规矩→决定门窗框安装位置→决定安装标高→掩扇、门框安装样板→窗框、扇、安装→门框安装→门扇安装。施工工艺如下。

(1)结构工程经过监督站验收达到合格后,即可进行门窗安装施工。首先,应从顶层用大线坠吊垂直,检查窗口位置的准确度,并在墙上弹出安装位置线,对不符线的结构边棱进行处理。

(2)根据室内 50cm 的平线检查窗框安装的标高尺寸,对不符线的结构边棱进行处理。

(3)室内外门框应根据图纸位置和标高安装,为保证安装的牢固,应提前检查预埋木砖数量是否满足,1.2m 高的门口,每边预埋两块木砖,高 1.2～2m 门口,每边预埋木砖 3 块,高 2～3m 的门口,每边预埋木砖 4 块,每块木砖上应钉两根长 10cm 的钉子,将钉帽砸扁,顺木纹钉入木门框内。

(4)木门框安装应在地面工程和墙面抹灰施工以前完成。

（5）采用预埋带木砖的混凝土块与门窗框进行连接的轻质隔断墙,其混凝土块预埋的数量,亦应根据门口高度设 2块、3块、4块,用钉子使其与门框钉牢。采用其他连接方法的,应符合设计要求。

（6）做样板。把窗扇根据图样要求安装到窗框上,此道工序称为掩扇。对掩扇的质量,按验评标准检查缝隙大小、五金安装位置、尺寸、型号以及牢固性,符合标准要求后作为样板。并以此作为验收标准和依据。

（7）弹线安装门窗框扇。应考虑抹灰层厚度,并根据门窗尺寸、标高、位置及开启方向,在墙上画出安装位置线。有贴脸的门窗立框时,应与抹灰面齐平;有预制水磨石窗台板的窗,应注意窗台板的出墙尺寸,以确定立框位置;中立的外窗,如外墙为清水砖墙勾缝时,可稍移动,以盖上砖墙立缝为宜。窗框的安装标高,以墙上弹 50cm 平线为准,用木楔将框临时固定于窗洞内,为保证相隔窗框的平直,应在窗框下边拉小线找直,并用铁水平将平线引入洞内作为立框时的标准,再用线坠校正吊直。黄花松窗框安装前,应先对准木砖位置钻眼,便于钉钉。

（8）若隔墙为加气混凝土条板时,应按要求的木砖间距钻 ϕ30mm 的孔,孔深 7～10cm,并在孔内预埋木楔粘 108 胶水泥浆打入孔中(木楔直径应略大于孔径 5mm,以便其打入牢固),待其凝固后,再安装门窗框。

（9）木门扇的安装。

1）先确定门的开启方向及小五金型号、安装位置,对开门扇扇口的裁口位置及开启方向(一般右扇为盖口扇)。

2）检查门口尺寸是否正确,边角是否方正,有无窜角,检查门口高度应量门的两个立边,检查门口宽度应量门口的上、中、下 3 点,并在扇的相应部位定点画线。

3）将门扇靠在框上画出相应的尺寸线,如果扇大,则应根据框的尺寸将大出的部分刨去,若扇小应绑木条,且木条应绑在装合页的一面,用胶粘后并用钉子打牢,钉帽要砸扁,顺木纹送入框内 1～2mm。

4）第一次修刨后的门扇应以能塞入口内为宜,塞好后用木楔顶住临时固定,按门扇与口边缝宽尺寸合适,画第二次修刨线,标出合页槽的位置(距门扇的上下端各 1/10,且避开上、下冒头)。同时应注意口与扇安装的平整。

5）门扇第二次修刨,缝隙尺寸合适后,即安装合页。应先用线勒子勒出合页的宽度,根据上、下冒头 1/10 的要求,定出合页安装边线,分别从上、下边线往里量出合页长度,剔合页槽,以槽的深度来调整门扇安装后与框的平整,剔合页槽时应留线,不应剔得过大、过深。

6）合页槽剔好后,即安装上、下合页,安装时应先拧一个螺丝,然后关上门检查缝隙是否合适,口与扇是否平整,无问题后方将螺钉全部拧上拧紧。木螺钉应钉入全长 1/3,拧入 2/3。如木门为黄花松或其他硬木时,安装前应先打眼,眼的孔径为木螺钉直径的 0.9 倍,眼深为螺钉长的 2/3,打眼后再拧螺钉,以防安装劈裂或将螺钉拧断。

7）安装对开扇时,应将门扇的宽度用尺量好,再确定中间对口缝的裁口深度。如采用企口榫时,对口缝的裁口深度及裁口方向应满足装锁的要求,然后将四周刨到准确尺寸。

8）五金安装应符合设计图纸的要求,不得遗漏,一般门锁、碰珠、拉手等距地高度为 95～100cm,插销应在拉手下面。

9）安装玻璃门时,一般玻璃裁口在走廊内。厨房、厕所玻璃裁口在室内。

10）门扇开启后易碰墙,为固定门扇位置,应安装门碰头,对有特殊要求的关闭门,应安装门扇开启器,其安装方法,参照产品安装说明书的要求。

2. 硬 PVC 塑料门窗安装

硬 PVC 塑料门窗安装工艺流程:弹线找规矩→门窗洞口处理→安装连接件的检查→塑料门窗外观检查→按图示要求运到安装地点→塑料门窗安装→门窗四周嵌缝→安装五金配件→清理。施工工艺如下。

（1）本工艺应采用后塞口施工,不得先立口后搞结构施工。

(2) 检查门窗洞口尺寸是否比门窗框尺寸大 3cm,否则应先行剔凿处理。

(3) 按图纸尺寸放好门窗框安装位置线及立口的标高控制线。

(4) 安装门窗框上的铁脚。

(5) 安装门窗框,并按线就位找好垂直度及标高,用木楔临时固定,检查正侧面垂直及对角线,合格后,用膨胀螺栓将铁脚与结构牢固固定好。

(6) 嵌缝。门窗框与墙体的缝隙应按设计要求的材料嵌缝,如设计无要求时用沥青麻丝或泡沫塑料填实。表面用厚度为 5~8mm 的密封胶封闭。

(7) 门窗附件安装。安装时应先用电钻钻孔,再用自攻螺钉拧入,严禁用铁锤或硬物敲打,防止损坏框料。

(8) 安装后注意成品保护,防污染,防电焊火花烧伤,损坏面层。

3. 铝合金门窗安装

(1) 准备工作及安装质量要求。

检查铝合金门窗成品及构配件各部位,如发现变形,应予以校正和修理;同时还要检查洞口标高线及几何形状,预埋件位置、间距是否符合规定,埋设是否牢固。不符合要求的,应纠正后才能进行安装。安装质量要求是位置准确,横平、竖直,高低一致,牢固严密。

(2) 安装方法。先安装门窗框,后安装门窗扇,用后塞口法。

(3) 施工要点。

1) 将门窗框安放到洞口中正确位置,用木楔临时定位。

2) 拉通线进行调整,使上、下、左、右的门窗分别在同一竖直线、水平线上。

3) 框边四周间隙与框表面距墙体外表面尺寸一致。

4) 仔细校正其正、侧面垂直度,水平度及位置合格后,楔紧木楔。

5）再校正一次后，按设计规定的门窗框与墙体或预埋件连接固定方式进行焊接固定。常用的固定方法有预留洞燕尾铁脚连接、射钉连接、预埋木砖连接、膨胀螺钉连接、预埋铁件焊接连接等，如图 6-19 所示。

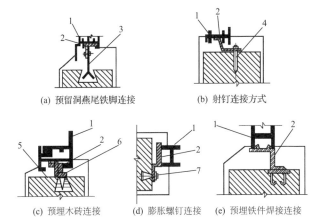

(a) 预留洞燕尾铁脚连接　　　　　　(b) 射钉连接方式

(c) 预埋木砖连接　　(d) 膨胀螺钉连接　　(e) 预埋铁件焊接连接

图 6-19　铝合金门窗常用固定方法
1—门窗框；2—连接铁件；3—燕尾铁脚；4—射（钢）钉；5—木砖；
6—木螺钉；7—膨胀螺钉

6）窗框安装质量检查合格后，用 1∶2 的水泥砂浆或细石混凝土嵌填洞口与门窗框间的缝隙，使门窗框牢固地固定在洞内。

① 嵌填前应先把缝隙中的残留物清除干净，然后浇湿。

② 拉直检查外形平直度的直线。

③ 嵌填操作应轻而细致，不破坏原安装位置，应边嵌填边检查门窗框是否变形移位。

④ 嵌填时应注意不可污染门窗框和不嵌填部位，嵌填必须密实饱满不得有间隙，也不得松动或移动木楔，并洒水养护。

⑤ 在水泥砂浆未凝固前，绝对禁止在门窗框上工作，或在其上搁置任何物品，待嵌填的水泥砂浆凝固后，才可取下木楔，并用水泥砂浆抹严框周围缝隙。

7）门窗扇的安装。

① 质量要求：位置正确、平直，缝隙均匀、严密牢固、启闭灵活、启闭力合格、五金零配件安装位置准确，能起到各自的作用。

② 施工操作要点：对推拉式门窗扇，先装室内侧门窗扇，后装室外侧的门窗扇；对固定扇应装在室外侧，并固定牢固，不会脱落，确保使用安全；平开式门窗扇应装于门窗框内，要求门窗扇关闭后四周压合严密，搭接量一致，相邻两门窗扇在同一平面内。

8）门窗框与墙体连接固定时应满足以下规定。

① 窗框与墙体连接必须牢固，不得有任何松动现象。

② 焊接铁件应对称地排列在门窗框两侧，相邻铁件宜内外错开，连接铁件不得露出装饰层。

③ 连接铁件时，应用橡胶或石棉布或石棉板遮盖门窗框，不得烧损门窗框，焊接完毕后应清除焊渣。焊接应牢固，焊缝不得有裂纹和漏焊现象，严禁在铝框上拴接地线或打火（引弧）。

④ 固接件离墙体边缘应不小于 50mm，且不能装在缝隙中。

⑤ 窗框与墙体连接用的预埋件连接铁件、紧固件规格和要求，必须符合设计的规定，见表 6-2。

表 6-2 　　　　　　　　　　　**紧固件材料表**

紧固件名称	规格/mm	材料或要求
膨胀螺钉	直径≥8	45 号钢镀锌、钝化
自攻螺钉	直径≥4	15 号钢 HRC～58 钝化、镀锌
钢钉、射钉	($\phi4$～$\phi5.5$)×6（直径×长度）	Q235 钢
木螺钉	直径≥5	Q235 钢
预埋钢板	$\Delta=6$	Q235 钢

第七节 涂 饰 施 工

一、涂料的组成和分类

1. 涂料的组成

（1）主要成膜物质。主要成膜物质也称胶黏剂或固着剂,是决定涂料性质的最主要成分,它的作用是将其他组分黏结成一整体,并附着在被涂基层的表层形成坚韧的保护膜。它具有单独成膜的能力,也可以黏结其他组分共同成膜。

（2）次要成膜物质。次要成膜物质也是构成涂膜的组成部分,但它自身没有成膜的能力,要依靠主要成膜物质的黏结才可成为涂膜的一个组成部分。颜料就是次要成膜物质,其对涂膜的性能及颜色有重要作用。

（3）辅助成膜物质。辅助成膜物质不能构成涂膜或不是构成涂膜的主体,但对涂料的成膜过程有很大影响,或对涂膜的性能起一定辅助作用,它主要包括溶剂和助剂两大类。

2. 涂料的分类

建筑涂料的产品种类繁多,一般按下列几种方法进行分类。

（1）按使用的部位不同,可分为外墙涂料、内墙涂料、顶棚涂料、地面涂料、门窗涂料、屋面涂料等。

（2）按涂料的特殊功能不同,可分为防火涂料、防水涂料、防虫涂料、防霉涂料等。

（3）按涂料成膜物质的组成不同,可分为以下几种。

1）油性涂料,系指传统的以干性油为基础的涂料,即以前所称的油漆。

2）有机高分子涂料,包括聚醋酸乙烯系、丙烯酸树脂系、环氧系、聚氨酯系、过氯乙烯系等,其中以丙烯酸树脂系建筑涂料性能优越。

3）无机高分子涂料,包括有硅溶胶类、硅酸盐类等。

4）有机无机复合涂料,包括聚乙烯醇水玻璃涂料、聚合物改性水泥涂料等。

（4）按涂料分散介质（稀释剂）的不同可分为以下几种。

1）溶剂型涂料，它是以有机高分子合成树脂为主要成膜物质，以有机溶剂为稀释剂，加入适量的颜料、填料及辅助材料，经研磨而成的涂料。

2）水乳型涂料，它是在一定工艺条件下在合成树脂中加入适量乳化剂形成的以极细小的微粒形式分散于水中的乳液，以乳液中的树脂为主要成膜物质，并加入适量颜料、填料及辅助材料经研磨而成的涂料。

3）水溶型涂料，以水溶性树脂为主要成膜物质，并加入适量颜料、填料及辅助材料经研磨而成的涂料。

（5）按涂料所形成涂膜的质感可分为以下几种。

1）薄涂料，又称薄质涂料。它的黏度低，刷涂后能形成较薄的涂膜，表面光滑、平整、细致，但对基层凹凸线形无任何改变作用。

2）厚涂料，又称厚质涂料。它的特点是黏度较高，具有触变性，上墙后不流淌，成膜后能形成有一定粗糙质感的较厚的涂层，涂层经拉毛或滚花后富有立体感。

3）复层涂料，原称喷塑涂料，又称浮雕型涂料、华丽喷砖，其由封底涂料、主层涂料与罩面涂料三种涂料组成。

二、建筑涂料的施工

各种建筑涂料的施工过程大同小异，大致上包括基层处理、刮腻子与磨平、涂料施涂 3 个阶段工作。

1. 基层处理

基层处理的工作内容包括基层清理和基层修补。

（1）混凝土及抹灰面的基层处理。为保证涂膜能与基层牢固黏结在一起，基层表面必须干燥、洁净、坚实，无酥松、脱皮、起壳、粉化等现象，基层表面的泥土、灰尘、污垢、黏附的砂浆等应清扫干净，酥松的表面应予铲除。为保证基层表面平整，缺棱掉角处应用 1∶3 水泥砂浆（或聚合物水泥砂浆）修补，表面的麻面、缝隙及凹陷处应用腻子填补修平。混凝土或抹灰面基层应干燥，当涂刷溶剂型涂料时，含水率不得

大于 8%，当涂刷乳液型涂料时，含水率不得大于 10%，

（2）木材与金属基层的处理及打底子。为保证涂抹与基层黏结牢固，木材表面的灰尘、污垢和金属表面的油渍、鳞皮、锈斑、焊渣、毛刺等必须清除干净。木料表面的裂缝等在清理和修整后应用石膏腻子填补密实、刮平收净，用砂纸磨光以使表面平整。木材基层缺陷处理好后表面上应做打底子处理，使基层表面具有均匀吸收涂料的性能，以保证面层的色泽均匀一致。金属表面应刷防锈漆，涂料施涂前被涂物件的表面必须干燥，以免水分蒸发造成涂膜起泡，一般木材含水率不得大于 12%，金属表面不得有湿气。木基层含水率不得大于 12%。

2. 刮腻子与磨平

涂膜对光线的反射比较均匀，因而在一般情况下不易觉察的基层表面细小的凹凸不平和砂眼，在涂刷涂料后由于光影作用都将显现出来，影响美观。所以基层必须刮腻子数遍予以找平，并在每遍所刮腻子干燥后用砂纸打磨，保证基层表面平整光滑。需要刮腻子的遍数，视涂饰工程的质量等级，基层表面的平整度和所用的涂料品种而定。

3. 涂料的施涂

涂料在施涂前及施涂过程中，必须充分搅拌均匀。用于同一表面的涂料，应注意保证颜色一致。涂料黏度应调整合适，使其在施涂时不流坠、不显刷纹，如需稀释应采用该种涂料所规定的稀释剂稀释。涂料的施涂遍数应根据涂料工程的质量等级而定。施涂溶剂型涂料时，后一遍涂料必须在前一遍涂料干燥后进行；施涂乳液型和水溶性涂料时后一遍涂料必须在前一遍涂料表干后进行。每一遍涂料不宜施涂过厚，应施涂均匀，各层必须结合牢固。

涂料的施涂方法有刷涂、滚涂、喷涂、刮涂和弹涂等。

（1）刷涂。它是用油漆刷、排笔等将涂料刷涂在物体表面上的一种施工方法。此法操作方便，适应性广，除极少数流平性较差或干燥太快的涂料不宜采用外，大部分薄涂料或云母片状厚质涂料均可采用。刷涂顺序是从前后到、从上到

下、从左到右、先横后竖、先内后外(门)、先外后内(窗)、先难后易、先边后面、先浅后深、顺木纹方向、理平理直。

(2)滚涂(或称辊涂)。它是利用滚筒(或称辊筒,涂料辊)蘸取涂料并将其涂布到物体表面上的一种施工方法。滚筒表面有的是粘贴合成纤维长毛绒,也有的是粘贴橡胶(称之为橡胶压辊),当绒面压花滚筒或橡胶压花压辊表面为凸出的花纹图案时,即可在涂层上滚压出相应的花纹。

(3)喷涂。它是利用压力或压缩空气将涂料涂布于物体表面的一种施工方法。涂料在高速喷射的空气流带动下,呈雾状小液滴喷到基层表面上形成涂层。喷涂的涂层较均匀,颜色也较均匀,施工效率高,适用于大面积施工。可使用各种涂料进行喷涂,尤其是外墙涂料用得较多。

喷涂的效果、质量与喷嘴的直径、喷枪距墙的距离、工作压力与喷枪移动的速度有关,是喷涂工艺的四要素。喷涂时空气压缩机的压力,一般是控制在 0.4~0.7MPa,气泵的排气量不小于 0.6m³/h;喷嘴距喷涂面的距离,以喷涂后不流挂为准,一般为 400~600mm。喷嘴应与被涂面垂直且做平行移动,运行中速度保持一致,如图 6-20 所示。纵横方向做S形移动。当喷涂两个平面相交的墙角时,应将喷嘴对准墙角线,如图 6-21 所示。

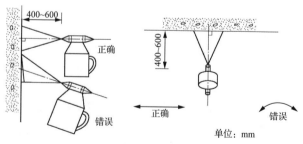

单位: mm

图 6-20　喷枪与喷涂面的相对位置

(4)刮涂。它是利用刮板将涂料厚浆均匀地批刮于饰涂面上,形成厚度为 1~2mm 的厚涂层。常用于地面厚层涂料的施涂。

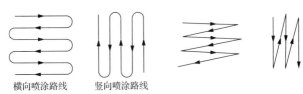

横向喷涂路线　　竖向喷涂路线

(a) 正确的喷涂路线　　　　(b) 错误的喷涂路线

图 6-21　喷涂路线

（5）弹涂。它是利用弹涂器通过转动的弹棒将涂料以圆点形状弹到被涂面上的一种施工方法。若分数次弹涂，每次用不同颜色的涂料，被涂面由不同色点的涂料装饰，相互衬托，可使饰面增加装饰效果。

三、油漆涂料施工

油漆工程是一个专业性及技艺性较强的技术工程，从其主要材料如油漆、稀释剂、腻子、润粉、着色颜料及染料（水色、酒色和油色）、研磨抛光和上蜡材料的使用，到清除、嵌批、打磨、配料和涂饰等工序均十分复杂且要求严格。因此，建筑装饰的中、高级油漆工程，必须严格执行油漆施工操作规程。根据现行国家标准《建筑装饰装修工程质量验收规范》（GB 50210—2001），其重点项目是混色油漆、清漆和美术油漆工程以及木地板烫蜡、擦软蜡，大理石、水磨石地面打蜡工程。

油漆工程的基层面主要是木质基层、抹灰基层。木质基层主要有门窗、家具、木装修（木墙裙、隔断、顶棚）等。一般松木等软材类的木料表面，以采用混色涂料或清漆面的普通、中等涂料较多；硬材类的木材表面则多采用漆片、蜡刻面的清漆，属于高级涂料。

油漆涂料施工工艺：基层处理→润粉→着色→打磨→配料→涂刷面层。施工工艺如下。

（1）基层处理、润粉、着色。木质基层的木材本身除了木质色外，还含有油脂、单宁等。这些物质的存在，使涂层的附着力和外观质量受到影响。涂料对木制品表面的要求是平整光滑、少节疤、棱角整齐、木纹颜色一致等。因此,必须对木基层进行处理。

1) 基层处理。木基层的含水率不得大于 12%;木材表面应平整,无尘土、油污等妨碍涂饰施工质量的污染物,施工前应用砂纸磨平。钉眼应用腻子填平,打磨光滑;木制品表面的缝隙、毛刺、掀岔及脂囊应进行处理,然后用腻子刮平、打光。较大的脂囊和节疤应剔除后用木纹相同的木料修补;木料表面的树脂、单宁、色素等应清除干净。

2) 润粉。润粉是指在木质材料面的涂饰工艺中,采用填孔料以填平管孔并封闭基层和适当着色,同时可起到避免后续涂膜塌陷及节省涂料的作用。填孔料分为水性填孔料和油性填孔料两种,其配比做法见表 6-3。

表 6-3 木质材料面的润粉及其应用

润粉	材料配比(质量比)	配制方法及应用
水性填孔料 (水老粉)	大白粉 65%~72%:水 28%~36%:颜料适量	按配合比要求将大白粉和水搅拌成糊状与颜料拌和均匀,然后再与原有大白粉糊上下充分搅拌均匀,不能有结块现象;颜料的用量应使填孔料的色泽略浅于样板木纹表面或管孔内的颜色; 优点:施工方便,着色均匀; 缺点:处理不当易使木纹膨胀,附着力较差,透明度低
油性填孔料 (油老粉)	大白粉 60%:清油 10%:松香水 20%:煤油 10%:颜料适量	配制方法同水性填孔料; 优点:木纹不会膨胀,不易收缩开裂,干燥后坚固,着色效果好,透明度高,附着力强,吸收上层涂料少; 缺点:干燥较慢,操作不如水性填孔料方便

3) 着色:为了更好地突出木材表面的美丽花纹,常采用基层着色工艺,即在木质基面上涂刷着色剂,着色分为水色、

酒色和油色三种不同的做法,其材料组成见表 6-4。

表 6-4　木质基层面透明涂饰时着色的材料组成

着色	材料组成	染色特点
水色	常用黄纳粉、黑纳粉等酸性染料溶解于热水中(染料占 10%~20%)	优点:透明,无遮盖力,保持木纹清晰; 缺点:耐光照性能差,易产生褪色
酒色	在清虫胶清漆中掺入适量品色的染料,即成为着色虫胶漆	透明,清晰显露木纹,耐光照性能较好
油色	用氧化铁系材料、哈巴粉、锌钡白、大白粉等调入松香水中再加入清油或清漆等,调制成稀浆	优点:由于采用无机颜料作为着色剂,所以耐光照性能良好,不易褪色; 缺点:透明度较低,显露木纹不够清晰

(2)打磨。打磨工序是使用研磨材料对被涂物面进行研磨平整的过程,对于油漆涂层的平整光滑、附着力及被涂物面的棱角、线脚、外观质量等方面均有重要影响。常用的砂纸和砂布代号是根据磨料的粒径划分的,砂布代号数字越大则磨粒越粗;而砂纸则恰恰相反,代号越大则磨粒越细。

油漆涂饰的打磨操作,包括对基层的打磨、层间打磨,以及面层的打磨;打磨的方式又分为干磨与湿磨。打磨必须在基层或漆膜干实后进行;水性腻子或不宜浸水的基层不能采用湿磨,但含铅的油漆涂料必须湿磨;漆膜坚硬不平或软硬相差较大时,需选用锋利的磨料打磨。干磨是指使用木砂纸、铁砂布、浮石等的一般研磨操作;湿磨则是为了防止漆膜打磨时受热软变而使漆尘黏附于磨粒间影响打磨效率与质量,故将砂纸(或浮石)蘸水或润滑剂进行研磨。

(3)配料。根据设计、样板或操作所需,将油漆饰面施工所需的原材料按配比调制的工序称为配料,如色漆调配、腻子调配、木质基层、填孔料及着色剂的调配等。配料在油漆涂饰施工中是一项重要的基本技术,它直接影响到涂施、漆膜质量和耐久性。此外,根据油漆涂料的应用特点,油漆技工常需对油漆的黏度(稠度)、品种性能等做必要的调配,其中最基本的事项和做法包括施工稠度的控制、油性漆的调配

（油性漆易沉淀，使用时须加入清油等）、硝基漆韧性的调配（掺加适量增韧剂等）、醇酸漆油度的调配（面漆与底漆的调兑等）、无光色漆的调配（普通油基漆掺加适量颜料使漆膜平坦、光泽柔和且遮盖力强）等。

（4）涂刷面层。

1）涂刷涂料时，应做到横平竖直、纵横交错、均匀一致。在涂刷顺序上应先上后下，先内后外，先浅色后深色，按木纹方向理平理直。

2）涂刷混色涂料，一般不少于4遍；涂刷清漆时，一般不少于5遍。

3）当涂刷清漆时，在操作上应当注意色调均匀，拼色一致，表面不可显露刷纹。

第七章

季 节 施 工

第一节 冬 期 施 工

一、一般规定

冬期施工所用材料应符合下列规定：

（1）砌筑前，应清除块材表面污物和冰霜，遇水浸冻后的砖或砌块不得使用；

（2）石灰膏应防止受冻，当遇冻结，应经融化后方可使用；

（3）拌制砂浆所用水，不得含有冰块和直径大于 10mm 的冻结块；

（4）砂浆宜采用普通硅酸盐水泥拌制，冬期砌筑不得使用无水泥拌制的砂浆；

（5）拌和砂浆宜采用两步投料法，水的温度不得超过 80℃，砂的温度不得超过 40℃，砂浆稠度宜较常温适当增大；

（6）砌筑时砂浆温度不应低于 5℃；

（7）砌筑砂浆试块的留置，除应按常温规定要求外，尚应增设一组与砌体同条件养护的试块。

冬期施工过程中，施工记录除应按常规要求外，尚应包括室外温度、暖棚气温、砌筑砂浆温度及外加剂掺量。

不得使用已冻结的砂浆，严禁用热水掺入冻结砂浆内重新搅拌使用，且不宜在砌筑时的砂浆内掺水。

当混凝土小砌块冬期施工砌筑砂浆强度等级低于 M10 时，其砂浆强度等级应比常温施工提高一级。

冬期施工搅拌砂浆的时间应比常温期增加 0.5～1.0

倍,并应采取有效措施减少砂浆在搅拌、运输、存放过程中的热量损失。

砌筑工程冬期施工用砂浆应选用外加剂法。

砌体施工时,应将各种材料按类别堆放,并加以覆盖。

冬期施工过程中,对块材的浇水湿润应符合下列规定:

(1)烧结普通砖、烧结多孔砖、蒸压灰砂砖、蒸压粉煤灰砖、烧结空心砖、吸水率较大的轻骨料混凝土小型空心砌块在气温高于0℃条件下砌筑时,应浇水湿润,且应即时砌筑;在气温不高于0℃条件下砌筑时,不应浇水湿润,但应增大砂浆稠度;

(2)普通混凝土小型空心砌块、混凝土多孔砖、混凝土实心砖及采用薄灰砌筑法的蒸压加气混凝土砌块施工时,不应对其浇水温润;

(3)抗震设防烈度为9度的建筑物,当烧结普通砖、烧结多孔砖、蒸压粉煤灰砖、烧结空心砖无法浇水温润时,当无特殊措施,不得砌筑。

冬期施工的砖砌体应采用"三一"砌筑法施工。

冬期施工中,每日砌筑高度不宜超过1.2m,砌筑后应在砌体表面覆盖保温材料,砌体表面不得留有砂浆。在继续砌筑前,应清理干净砌筑表面的杂物,然后再施工。

二、外加剂法

当最低气温不高于－15℃时,采用外加剂法砌筑承重砌体,其砂浆强度等级应按常温施工时的规定提高二级。

在氯盐砂浆中掺加砂浆增塑剂时,应先加氯盐溶液后再加砂浆增塑剂。

外加剂、溶液应由专人配制,并应先配制成规定浓度溶液置于专用容器中,再按使用规定加入搅拌机中。

下列砌体工程,不得采用掺氯盐的砂浆:

(1)对可能影响装饰效果的建筑物;

(2)使用湿度大于80%的建筑物;

(3)热工要求高的工程;

(4)配筋、铁埋件无可靠的防腐处理措施的砌体;

（5）接近高压电线的建筑物；

（6）经常处于地下水位变化范围内，而又无防水措施的砌体；

（7）经常受 40℃ 以上高温影响的建筑物。

砖与砂浆的温度差值砌筑时宜控制在 20℃ 以内，且不应超过 30℃。

三、暖棚法

地下工程、基础工程以及建筑面积不大又急需砌筑使用的砌体结构应采用暖棚法施工。

当采用暖棚法施工时，块体和砂浆在砌筑时的温度不应低于 5℃。距离所砌结构底面 0.5m 处的棚内温度也不应低于 5℃。

在暖棚内的砌体养护时间，应符合表 7-1 的规定。

表 7-1　　　　　　暖棚法砌体的养护时间

暖棚内温度/℃	5	10	15	20
养护时间不少于/d	6	5	4	3

采用暖棚法施工，搭设的暖棚应牢固、整齐。宜在背风面设置一个出入口，并应采取保温避风措施。需设两个出入口时，两个出入口不应对齐。

第二节　雨　期　施　工

雨期施工应结合本地区特点，编制专项雨期施工方案，防雨应急材料应准备充足，并对操作人员进行技术交底，施工现场应做好排水措施，砌筑材料应防止雨水冲淋。

雨期施工应符合下列规定：

（1）露天作业遇大雨时应停工，对已砌筑砌体应及时进行覆盖；雨后继续施工时，应检查已完工砌体的垂直度和标高；

（2）应加强原材料的存放和保护，不得久存受潮；

（3）应加强雨期施工期间的砌体稳定性检查；

（4）砌筑砂浆的拌和量不宜过多,拌好的砂浆应防止雨淋;

（5）电气装置及机械设备应有防雨设施。

雨期施工时应防止基槽灌水和雨水冲刷砂浆,每天砌筑高度不宜超过 1.2m。

当块材表面存在水渍或明水时,不得用于砌筑。

夹心复合墙每日砌筑工作结束后,墙体上口应采用防雨布遮盖。

第三节　夏　期　施　工

连续 5 天日平均气温高于 30℃时,为夏期施工。

夏期气温较高,空气相对较干燥,砂浆和砌体中的水分蒸发较快,容易使砌体脱水,使砂浆的黏结强度降低,为此应做到以下几点。

（1）砖要浇水润湿。在平均气温高于 5℃时,砖应该浇水润湿,夏期更要注意砖的浇水润湿,使水渗入砖的深度达到 20mm。使用前,应对砖的表面再洒一次水,特别是脚手架及楼面上的砖存放过夜后,应在使用前洒水润湿。

（2）砂浆的配制。夏期砌体砌筑时,为了保证砌体的质量,砂浆拌制时可采取以下措施。

1）加大施工砂浆的稠度,砂浆砌筑的稠度在夏期施工时可增大到 80~100mm。

2）在砂浆内掺加微沫剂、缓凝剂等外加剂,但掺入量和掺法应经试验确定。

（3）砂浆的使用。拌制好的砂浆,如施工时最高气温超过 30℃应控制在 2h 内用完。

（4）砌体的养护。实验证明,在高温干燥季节施工的砌体如不浇水进行养护,其砂浆最后强度只能达到设计强度的 50%。因此,在干热季节施工时,砌体应浇水养护。一般上午砌筑的砌体下午就应该养护。养护方法可用水适当浇淋养护,或将草帘浇湿后遮盖养护。

（5）夏季要防止雷电袭击，在施工现场的塔吊、人货电梯、操作平台应采取适当的防雷装置，避雷针应装在建筑物最高端，避雷针、接地线、接地体必须双面焊（长度大于等于6d），电阻不超过 10Ω。

（6）夏季应做好防暑降温工作，合理安排休息时间，尽量减少中午高温工作时间。

第四节　台风季施工

台风季施工指的是工程在台风频繁季节进行的施工。

在台风季施工时，需做好以下工程管理工作：

（1）加强台风季施工时的信息反馈工作。收听天气预报，并及时做好防范措施。台风到来前进行全面检查。

（2）对各楼层的堆放材料进行全面清理，在堆放整齐的同时必须进行可靠的压重和固定，防止台风来到时将材料吹散。

（3）对外架进行细致的检查，加固。竹笆、挡笆和围网增加绑扎固定点，外架与结构的拉结要增加固定点，同时外架上的全部零星材料和零星垃圾要及时清理干净。

（4）塔吊的各构件细致检查一遍，同时塔吊的小车和吊钩要停靠在最安全处，封锁装置必须可靠有效。对塔吊拔杆用缆风绳固定在可靠的结构上。驾驶室的门窗关闭锁好。

（5）台风来到时各机械停止操作，人员停止施工。台风过后对各机械和安全设施进行全面检查，没有安全隐患时才可恢复施工作业。

除此以外，砌体工程施工遇台风时，应在与风向相反的方向加临时支撑，以保持墙体的稳定。同时还应注意以下方面：

（1）在强台风影响地区，村镇房屋建筑中不宜采用空斗墙体作为承重墙体。

（2）强台风影响的地区内，房屋的承重墙体宜采用实砌墙体，砂浆强度等级宜在 M2.5 及以上，砖宜采用 MU7.5 及以上的黏土烧结砖。

（3）强台风影响的地区内，房屋的层高宜控制在 4.2m 以内，开间宜控制在 4.8m 以内，进深宜大于 7.5m。

（4）为保证墙体的整体性和抗侧移的能力，应采用各种连接构造措施来增强墙体和房屋的整体性，从而提高抗风能力。

第八章

安 全 与 环 保

第一节 安　　全

砌体结构工程施工中,应按施工方案对施工作业人员进行安全交底,并应形成书面交底记录。

施工机械的使用,应符合现行行业标准《建筑机械使用安全技术规程》(JGJ 33—2012)和《施工现场临时用电安全技术规范》(JGJ 46—2005)的有关规定,并应定期检查、维护。

采用升降机、龙门架及井架物料提升机运输材料设备时,应符合现行行业标准《建筑施工升降机安装、使用、拆卸安全技术规程》(JGJ 215—2010)和《龙门架及井架物料提升机安全技术规范》(JGJ 88—2010)的有关规定,且一次提升总重量不得超过机械额定起重或提升能力,并应有防散落、抛洒措施。

车辆运输块材的装箱高度不得超出车厢,砂浆车内浆料应低于车厢上口 0.1m。

安全通道应搭设可靠,并应有明显标识。

现场人员应佩戴安全帽,高处作业时应系好安全带。在建工程外侧应设置密目安全网。

采用滑槽向基槽或基坑内人工运送物料时,落差不宜超过 5m。严禁向有人作业的基槽或基坑内抛掷物料。

距基槽或基坑边沿 2.0m 以内不得堆放物料;当在 2.0m 以外堆放物料时,堆置高度不应大于 1.5m。

基础砌筑前应仔细检查基坑和基槽边坡的稳定性,当有塌方危险或支撑不牢固时,应采取可靠措施。作业人员出入基槽或基坑,应设上下坡道、踏步或梯子,并应有雨雪天防滑设施或措施。

砌筑用脚手架应按经审查批准的施工方案搭设,并应符合国家现行相关脚手架安全技术规范的规定。验收合格后,不得随意拆除和改动脚手架。

作业人员在脚手架上施工时,应符合下列规定:

(1) 在脚手架上砍砖时,应向内将碎砖打在脚手板上,不得向架外砍砖;

(2) 在脚手架上堆普通砖、多孔砖不得超过3层,空心砖或砌块不得超过2层;

(3) 翻拆脚手架前,应将脚手板上的杂物清理干净。

在建筑高处进行砌筑作业时,应符合现行行业标准《建筑施工高处作业安全技术规范》(JGJ 80—2016)的相关规定。不得在卸料平台上、脚手架上、升降机、龙门架及井架物料提升机出入口位置进行块材的切割、打凿加工。不得站在墙顶操作和行走。工作完毕应将墙上和脚手架上多余的材料、工具清理干净。

楼层卸料和备料不应集中堆放,不得超过楼层的设计活荷载标准值。

作业楼层的周围应进行封闭围护,同时应设置防护栏及张挂安全网。楼层内的预留洞口、电梯口、楼梯口应搭设防护栏杆,对大于1.5m的洞口,应设置网挡。预留孔洞应加盖封堵。

生石灰运输过程中应采取防水措施,且不应与易燃易爆物品共同存放、运输。

淋灰池、水池应有护墙或护栏。

未施工楼层板或屋面板的墙或柱,当可能遇到大风时,其允许自由高度不得超过表8-1的规定。当超过允许限值时,应采用临时支撑等有效措施。

现场加工区材料切割、打凿加工人员,砂浆搅拌作业人员以及搬运人员,应按相关要求佩戴好劳动防护用品。

工程施工现场的消防安全应符合现行国家标准《建设工

程施工现场消防安全技术规范》(GB 50720—2011)的有关规定。

表8-1　　　　　　　墙和柱的允许自由高度　　　（单位：m）

墙(柱)厚/mm	1300＜砌体密度≤1600/(kg/m³)			砌体密度＞1600/(kg/m³)		
	风载/(kN/m²)			风载/(kN/m²)		
	0.3(约7级风)	0.4(约8级风)	0.5(约9级风)	0.3(约7级风)	0.4(约8级风)	0.5(约9级风)
190	1.4	1.1	0.7	—	—	—
240	2.2	1.7	1.1	2.8	2.1	1.4
370	4.2	3.2	2.1	5.2	3.9	2.6
490	7.0	5.2	3.5	8.6	6.5	4.3
620	11.4	8.6	5.7	14.0	10.5	7.0

注：1. 本表适用于施工处相对标高 H 在10m范围内的情况。当10m＜H≤15m、15m＜H≤20m时，表中的允许自由高度应分别乘以 0.9、0.8 的系数；当 H＞20m时，应通过抗倾覆验算确定其允许自由高度。

2. 当所砌筑的墙有横墙或其他结构与其连接，而且间距小于表内允许自由高度限值的 2 倍时，砌筑高度可不受本表的限制。

知识链接

施工现场作业人员，应遵守以下基本要求：

★进入施工现场，应按规定穿戴安全帽、工作服、工作鞋等防护用品，正确使用安全绳、安全带等安全防护用具及工具，严禁穿拖鞋、高跟鞋或赤脚进入施工场地。

——《水利工程建设标准强制性条文》
(2016年版)

第二节　环　境　保　护

施工现场应制定砌体结构工程施工的环境保护措施，并应选择清洁环保的作业方式，减少对周边地区的环境影响。

施工现场拌制砂浆及混凝土时，搅拌机应有防风、隔声的封闭围护设施，并宜安装除尘装置，其噪声限值应符合国家有关规定。

水泥、粉煤灰、外加剂等应存放在防潮且不易扬尘的专用库房。露天堆放的砂、石、水泥、粉状外加剂、石灰等材料，应进行覆盖。石灰膏应存放在专用储存池。

对施工现场道路、材料堆场地面宜进行硬化，并应经常洒水清扫，场地应清洁。

运输车辆应无遗洒，驶出工地前宜清洗车轮。

在砂浆搅拌、运输、使用过程中，遗漏的砂浆应回收处理。砂浆搅拌及清洗机械所产生的污水，应经过沉淀池沉淀后排放。

高处作业时不得扬撒洒物料、垃圾、粉尘以及废水。

施工过程中，应采取建筑垃圾减量化措施。作业区域垃圾应当天清理完毕，施工过程中产生的建筑垃圾，应进行分类处理。

不可循环使用的建筑垃圾，应收集到现场封闭式垃圾站，并应清运至有关部门指定的地点。可循环使用的建筑垃圾应回收再利用。

机械、车辆检修和更换油品时，应防止油品洒漏在地面或渗入土壤。废油应回收，不得将废油直接排入下水管道。

切割作业区域的机械应进行封闭围护，减少扬尘和噪声排放。

施工期间应制定减少扰民的措施。

第九章

砌体工程质量标准及检验方法与等级评定

第一节　砌体工程质量标准及检验方法

一、石砌体的质量标准及检验方法

料石进场时应检查其品种、规格、颜色以及强度等级的检验报告,并应符合设计要求,石材材质应质地坚实,无风化剥落和裂缝。

各种砌筑用料石的宽度、厚度均不宜小于 200mm ,长度不宜大于厚度的 4 倍。除设计有特殊要求外,料石加工的允许偏差应符合表 9-1 的规定。

表 9-1　　　　　料石加工的允许偏差　　　（单位：mm）

料石种类	允许偏差	
	宽度、厚度	长度
细料石	±3	±3
粗料石	±5	±7
毛料石	±10	±15

石砌体工程施工中,应对下列主控项目及一般项目进行检查,并应形成检查记录:

1. 主控项目

（1）石材强度等级;

（2）砂浆强度等级;

（3）灰缝的饱满度。

2. 一般项目

（1）轴线位置;

（2）基础和墙体顶面标高；

（3）砌体厚度；

（4）每层及全高的墙面垂直度；

（5）表面平整度；

（6）清水墙面水平灰缝平直度；

（7）组砌形式。

二、砖砌体的质量标准及检验方法

本内容适用于烧结普通砖、烧结多孔砖、蒸压灰砂砖、粉煤灰砖等砌体工程。

1. 一般规定

（1）用于清水墙、柱表面的砖，应边角整齐，色泽均匀。

（2）有冻胀环境和条件的地区，地面以下或防潮层以下的砌体，不宜采用多孔砖。

（3）砌筑砖砌体时，砖应提前 1～2d 浇水湿润。

（4）砌砖工程当采用铺浆法砌筑时，铺浆长度不得超过750mm；施工期间气温超过 30℃ 时，铺浆长度不得超过500mm。

（5）240mm 厚承重墙的每层墙的最上一皮砖，砖砌体的阶台水平面上及挑出层，应整砖丁砌。

（6）砖砌平拱过梁的灰缝应砌成楔形缝。灰缝的宽度在过梁的底面不应小于 5mm；在过梁的顶面不应大于 15mm；拱脚下面应伸入墙内不小于 20mm，拱底应有 1% 的起拱。

（7）砖过梁底部的模板，应在灰缝砂浆强度不低于设计强度的 50% 时，方可拆除。

（8）多孔砖的孔洞应垂直于受压面砌筑。

（9）施工时施砌的蒸压（养）砖的产品龄期不应小于 28d。

（10）竖向灰缝不得出现透明缝、瞎缝和假缝。

（11）砖砌体施工临时间断处补砌时，必须将接槎处表面清理干净，浇水湿润，并填实砂浆保持灰缝平直。

2. 主控项目

（1）砖和砂浆的强度等级必须符合设计要求。

抽检数量：每一个生产厂家的砖到现场后，按烧结砖

15 万块、多孔砖 5 万块、灰砂砖及粉煤灰砖 10 万各为一验收批,抽检数量为 1 组。

检验方法:查砖和砂浆试块试验报告。

(2)砌体水平灰缝隙的砂浆饱满度不得小于 80%。

抽检数量:每检验批抽查不应少于 5 处。

检验方法:用百格网检查砖底面与砂浆的黏结痕迹面积;每处检测 3 块砖,取其平均值。

(3)砖砌体的转角处和交接处应同时砌筑,严禁无可靠措施的内外墙分砌施工。对不能同时砌筑而又必须留槎的临时间断处应砌成斜槎,斜槎水平投影长度不应小于高度的 2/3。

抽检数量:每检验批抽 20% 接槎,且不应少于 5 处。

检验方法:观察检查。

(4)非抗震设防及抗震设防烈度为 6 度、7 度地区的临时间断处,当不能留斜槎时,除转角处外,可留直槎,但直槎必须做成凸槎。留直槎处应加设拉结钢筋,钢筋的数量为每 120mm 墙厚放置 1φ6 拉结钢筋(120 厚墙放置 2φ6 拉结筋),间距沿墙高不应超过 500mm;埋入度从留槎处算起每边均不应小于 500mm,对抗震设防烈度为 6 度、7 度的地区,不应小于 1000mm;末端应有 90°弯钩,如图 9-1 所示。

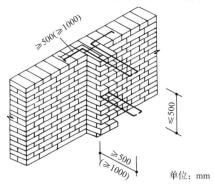

图 9-1 直槎处加设拉结钢筋

抽检数量:每检验批抽 20%接槎,且不应少于 5 处。

检验方法:观察和尺量检查。

合格标准:留槎正确,拉结钢筋设置数量、直径正确,竖向间距偏差不超过 100mm,留置长度基本符合规定。

(5)砖砌体的位置及垂直度允许偏差应符合表 9-2 的规定。

抽检数量:轴线查全部承重墙柱;外墙垂直度全高查阳角,不应少于 4 处,每层每 20m 查一处;内墙按有代表性的自然间抽 10%,且不应少于 3 间,每间不应少于 2 处,柱不少于 5 根。

表 9-2　　　　砖砌体的位置及垂直度允许偏差

项次	项目			允许偏差/mm	检验方法
1	轴线位置偏移			10	用经纬仪和尺检查或用其他测量仪器检查
2	垂直度	每层		5	用 2m 托线板检查
		全高	≤10m	10	用经纬仪、吊线和尺检查,或用其他测量仪器检查
			>10m	20	

3. 一般项目

(1)砖砌体组砌方法应正确,上下错缝,内外搭砌,砖柱不得采用包心砌法。

抽检数量:外墙 20m 抽查一处,每处 3~5m,且不应少于 3 处;内墙按有代表性的自然间抽 10%,并不应少于 3 间。

检验方法:观察检查。

合格标准:除符合(1)要求外,清水墙、窗间墙无通缝;混水墙中长度大于或等于 300mm 的通缝每间不超过 3 处,且不得位于同一面墙体上。

(2)砖砌体的灰缝应横平竖直,厚薄均匀。水平灰缝厚度宜为 10mm,但不应小于 8mm,也不应大于 12mm。

抽检数量:每步脚手架施工的砌体,每 20m 抽查 1 处。

检验方法:用尺量 10 皮砖砌体高度折算。

（3）砖砌体的一般尺寸允许偏差应符合表 9-3 的规定。

表 9-3   砖砌体一般尺寸允许偏差

项次	项目		允许偏差/mm	检验方法	抽检数量
1	基础顶面和楼面标高		±15	用水平仪和尺检查	不应少于 5 处
2	表面平整度	清水墙、柱	5	用 2m 靠尺和楔形塞尺检查	有代表性自然间 10%，但不应少于 3 间，每间不应少于 2 处
		混水墙、柱	8		
3	门窗洞口高、宽（后塞口）		±5	用尺检查	检验批洞口的 10%，且不应少于 5 处
4	外墙上下窗口偏移		20	以底层窗口为准，用经纬仪或吊线检查	检验批的 10%，且不应少于 5 处
5	水平灰缝平直度	清水墙	7	拉 10m 线和尺检查	有代表性自然间 10%，但不应少于 3 间，每间不应少于 2 处
		混水墙	10		
6	清水墙游丁走缝		20	吊线和尺检查，以每层第一皮砖为准	有代表性自然间 10%，但不应少于 3 间，每间不应少于 2 处

三、砌块砌体的质量标准及检验方法

混凝土小型空心砌块砌体的质量标准及检验方法。本内容适用于普通混凝土小型空心砌块和轻骨料混凝土小型空心砌块。

1. 一般规定

（1）为有效控制砌体收缩裂缝和保证砌体强度，施工时所用的小砌块的产品龄期不应小于 28d。

（2）砌筑小砌块时，应清除表面污物和芯柱用小砌块孔洞底部的毛边，剔除外观质量不合格的小砌块。

（3）砌筑所用的砂浆，宜选用专用的小砌块砌筑砂浆。

（4）底层室内地面以下或防潮层以下的砌体，为了提高砌体的耐久性，预防或延缓冻害，减轻地下水中有害物质对

砌体的侵蚀,应采用强度等级不低于 C20 的混凝土灌实小砌块的孔洞。

(5) 小砌块砌筑时,在天气干燥炎热的情况下,可提前洒水湿润小砌块;小砌块表面有浮水时,不得施工。

(6) 承重墙体严禁使用断裂小砌块。

(7) 小砌块墙体应对孔错缝搭砌,搭接长度不应小于 90mm。墙体的个别部位不能满足上述要求时,应在灰缝中设置拉结钢筋或钢筋网片,但竖向通缝仍不得超过两皮小砌块。小砌块应底面朝上反砌于墙上。

(8) 浇灌芯柱的混凝土,宜选用专用的小砌块灌孔混凝土,当采用普通混凝土时,其坍落度不应小于 90mm。浇灌芯柱混凝土,应清除孔洞内的砂浆等杂物,并用水冲洗;为了避免振捣混凝土芯柱时的振动力和施工过程中难以避免的冲撞对墙体的整体性带来的不利影响,应待砌体砂浆强度大于 1MPa 时,方可浇灌芯柱混凝土;在浇灌芯柱混凝土前应先注入适量与芯柱混凝土相同强度的水泥砂浆,再浇灌混凝土。

(9) 需要移动砌块中的小砌块或小砌块被撞动时,应重新铺砌。

2. 主控项目

(1) 小砌块和砂浆的强度等级必须符合设计要求。

抽检数量:每一生产厂家,每 1 万块小砌块至少应抽检一组。用于多层以上建筑基础和底层的小砌块抽检数量不应少于 2 组。砂浆试块的抽检数量为每一检验批且不超过 250m³ 砌体的各种类型及强度等级的砌筑砂浆,每台搅拌机应至少抽检一次。

检验方法:检查小砌块和砂浆试块试验报告。

(2) 砌体水平灰缝的砂浆饱满度,应按净面积计算,不得低于 90%;竖向灰缝饱满度不得小于 80%,竖缝凹槽部位应用砌筑砂浆填实,不得出现瞎缝、透明缝。

抽检数量:每检验批不应少于 3 处。

检验方法:用专用百格网检测小砌块与砂浆黏结痕迹,每处检测 1 块小砌块,取其平均值。

（3）墙体转角处和纵横墙交接处应同时砌筑。临时间断处应砌成斜槎,斜槎水平投影长度不应小于高度的 2/3。

抽检数量:每检验批抽 20%接槎,且不应少于 5 处。

检验方法:观察检查。

3. 一般项目

（1）墙体的水平灰缝厚度和竖向灰缝宽度宜为 10mm,但不应大于 12mm、小于 8mm。

抽检数量:每层楼的检测点不应少于 3 处。

抽检方法:用尺量 5 皮小砌块的高度和 2m 砌体长度折算。

（2）小砌块墙体的一般尺寸允许偏差应符合表 9-3 中的 1~5 的规定。

填充墙砌块砌体的质量标准及检验方法。本内容适用于房屋建筑采用空心砖、蒸压加气混凝土砌块、轻骨料混凝土小型空心砌块等砌筑填充砌体的施工质量验收。

1. 一般规定

（1）采用空心砖、蒸压加气混凝土砌块、轻骨料混凝土小型空心砌块等砌筑填充墙时,为了有效控制砌体收缩裂缝和保证砌体强度,蒸压加气混凝土砌块、轻骨料混凝土小型空心砌块的产品龄期应超过 28d。

（2）空心砖、蒸压加气混凝土砌块、轻骨料混凝土小型空心砌块等在运输、装卸过程中,严禁抛掷和倾倒。进场后应按品种、规格分别堆放整齐,堆置高度不宜超过 2m。蒸压加气混凝土砌块应防止雨淋。

（3）填充墙砌体砌筑前块材应提前 2d 浇水湿润。蒸压加气混凝土砌块砌筑时,应向砌筑面适量浇水。

（4）用轻骨料混凝土小型空心砌块或蒸压加气混凝土砌块砌筑墙体时,墙底部应砌烧结普通砖或多孔砖、普通混凝土小型空心砌块、现浇混凝土坎台等,其高度不宜小于 200mm。

2. 主控项目

砌块和砌筑砂浆的强度等级应符合设计要求。

检验方法:检查砌块的产品合格证书、产品性能检测报告和砂浆试块试验报告。

3. 一般项目

(1) 填充墙砌体一般尺寸的允许偏差应符合表 9-4 的规定。

抽检数量:对表中 1、2 项,在检验批的标准间中随机抽查 10%,但不应少于 3 间;大面积房间和楼道按两个轴线或每 10 延长米按一标准间计数,每间检验不应少于 3 处;对表中 3、4 项,在检验批中抽检 10%,且不应少于 5 处。

表 9-4　　　　填充墙砌体一般尺寸的允许偏差

项次	项目		允许偏差/mm	检验方法
1	轴线位移		10	用尺检查
	垂直度	≤3m	5	用 2m 托线板或吊线、尺检查
		>3m	10	
2	表面平直度		8	用 2m 靠尺和楔形塞尺检查
3	门窗洞口高、宽（后塞口）		±5	用尺检查
4	外墙上、下窗口平移		20	用经纬仪或吊线检查

(2) 蒸压加气混凝土砌块砌体和轻骨料混凝土小型空心砌块砌体不应与其他块材混砌。

抽检数量:在检验批中抽检 20%,且不应少于 5 处。

检验方法:外观检查。

(3) 填充墙砌体的砂浆饱满度及检验方法应符合表 9-5 的规定。

抽检数量:每步架子不少于 3 处,且每处不应少于 3 块。

(4) 填充墙砌体留置的拉结钢筋或网片的位置应与块体皮数相符合。拉结钢筋或网片应置于灰缝中,埋置长度应符合设计要求,竖向位置偏差不应超过一皮高度。

抽检数量:在检验批中抽检 20%,且不应少于 5 处。

检验方法:观察和用尺量检查。

表 9-5　　　　填充墙砌体的砂浆饱满度及检验方法

砌体分类	灰缝	饱满度及要求	检验方法
空心砖砌体	水平	≥80%	采用百格网检查块材底面砂浆的黏结痕迹面积
	垂直	填满砂浆,不得有透明缝、瞎缝、假缝	
蒸压加气混凝土块和轻骨料混凝土小砌块砌体	水平	≥80%	
	垂直	≥80%	

　　(5)填充墙砌筑时应错缝搭砌,蒸压加气混凝土砌块搭砌长度不应小于砌块长度的 1/3;轻骨料混凝土小型空心砌块搭砌长度不应小于 90mm;竖向通缝不应大于 2 皮。

　　抽检数量:在检验批的标准间中抽查 10%,且不应少于 3 间。

　　检查方法:观察和用尺检查。

　　(6)填充墙砌体的灰缝厚度和宽度应正确。空心砖、轻骨料混凝土小型空心砌块的砌体灰缝应为 8～12mm。蒸压加气混凝土砌块砌体的水平灰缝厚度及竖向灰缝宽度分别宜为 15mm 和 20mm。

　　抽检数量:在检验批的标准间中抽查 10%,且不应少于 3 间。

　　检查方法:用尺量 5 皮空心砖或小砌块的高度和 2m 砌体长度折算。

　　(7)填充墙砌至接近梁、板底时,应留一定空隙,待填充墙砌筑完并应至少间隔 7d 后,再将其补砌挤紧。

　　抽检数量:每验收批抽 10%填充墙片(每两柱间的填充墙为一墙片),且不应少于 3 片。

　　检验方法:观察检查。

第二节　砌体工程质量等级评定

一、项目划分

　　水利水电工程质量检验与评定应进行项目划分。项目按级划分为单位工程、分部工程、单元(工序)工程三级。

一般以每座独立的建筑物为一个单位工程。当工程规模大时,可将一个建筑物中具有独立施工条件的一部分划分为一个单位工程。

分部工程项目划分时,对枢纽工程,土建部分按设计的主要组成部分划分;堤防工程按长度或功能划分;引水(渠道)工程中的河(渠)道按施工部署或长度划分。大、中型建筑物按设计主要组成部分划分;除险加固工程,按加固内容或部位划分。

单元工程划分时,按单元工程评定标准规定进行划分。

二、工程质量检验

施工单位应按《单元工程评定标准》检验工序及单元工程质量,做好施工记录,在自检合格后,填写《水利水电工程施工质量评定表》报监理机构核查。监理机构根据抽检的资料核定单元(工序)工程质量等级。发现不合格单元(工序)工程,应按规程规范和设计要求及时进行处理,合格后才能进行后续工程施工。对施工中的质量缺陷应记录备案,进行统计分析,并在相应单元(工序)工程质量评定表"评定意见"栏内注明。单元(工序)工程质量检验可参考图9-2进行。

施工单位应及时将原材料、中间产品及单元(工序)工程质量检验结果送监理单位复核。并按月将施工质量情况送监理单位,由监理单位汇总分析后报项目法人和工程质量监督机构。

单位工程完工后,项目法人应组织监理、设计、施工及运行管理等单位组成工程外观质量评定组,现场进行工程外观质量检验评定。并将评定结论报工程质量监督机构核定。

三、施工质量评定

1. 合格标准

合格标准是工程验收标准。不合格工程必须按要求处理合格后,才能进行后续工程施工或验收。

单元(工序)工程施工质量合格标准应按照《单元工程评定标准》或合同约定的合格标准执行。

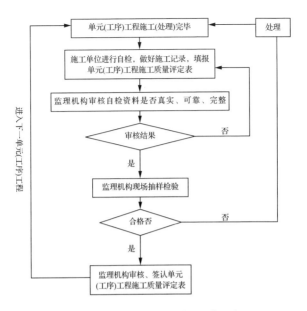

图 9-2 单元工程质量检验工作程序

分部工程施工质量同时满足下列标准时,其质量评为合格:

(1) 所含单元工程的质量全部合格。质量事故及质量缺陷已按要求处理,并经检验合格;

(2) 原材料、中间产品及混凝土(砂浆)试件质量全部合格,金属结构及启闭机制造质量合格,机电产品质量合格。

单位工程施工质量同时满足下列标准时,其质量评为合格:

(1) 所含分部工程质量全部合格;

(2) 质量事故已按要求进行处理;

(3) 工程外观质量得分率达到 70％以上;

(4) 单位工程施工质量检验与评定资料基本齐全;

(5) 工程施工期及试运行期,单位工程观测资料分析结果符合国家和行业技术标准以及合同约定的标准要求。

工程项目施工质量同时满足下列标准时,其质量评为合格:

(1) 单位工程质量全部合格;

(2) 工程施工期及试运行期,各单位工程观测资料分析结果均符合国家和行业技术标准以及合同约定的标准要求。

2. 优良标准

优良等级是为工程质量创优而设置。

单元工程施工质量优良标准按照《单元工程评定标准》或合同约定的优良标准执行。全部返工重做的单元工程,经检验达到优良标准者,可评为优良等级。

分部工程施工质量同时满足下列标准时,其质量评为优良:

(1) 所含单元工程质量全部合格,其中 70% 以上达到优良,重要隐蔽单元工程以及关键部位单元工程质量优良率达 90% 以上,且未发生过质量事故。

(2) 中间产品质量全部合格,混凝土(砂浆)试件质量达到优良(当试件组数小于 30 时,试件质量合格)。原材料质量、金属结构及启闭机制造质量合格,机电产品质量合格。

单位工程施工质量同时满足下列标准时,其质量评为优良:

(1) 所含分部工程质量全部合格,其中 70% 以上达到优良等级,主要分部工程质量全部优良,且施工中未发生过较大质量事故;

(2) 质量事故已按要求进行处理;

(3) 外观质量得分率达到 85% 以上;

(4) 单位工程施工质量检验与评定资料齐全;

(5) 工程施工期及试运行期,单位工程观测资料分析结果符合国家和行业技术标准以及合同约定的标准要求。

工程项目施工质量优良标准:

(1) 单位工程质量全部合格,其中 70% 以上单位工程质量优良等级,且主要单位工程质量全部优良。

(2) 工程施工期及试运行期,各单位工程观测资料分析结果符合国家和行业技术标准以及合同约定的标准要求。

知识链接

★当工程具备验收条件时，应及时组织验收。未经验收或验收不合格的工程不应交付使用或进行后续工程施工。验收工作应相互衔接，不应重复进行。

——《水利工程建设标准强制性条文》
（2016年版）

附 录

部分砌体工程单元工程质量评定表[①]

附表1　　　　干砌石单元工程质量评定表

填表说明

填表时必须遵守"填表基本规定",并符合以下要求:

1. 单元工程划分:以施工检查验收的区、段划分,每一区、段为一个单元工程。

2. 单元工程量:填写本单元干砌石工程量(m^3)。

3. 检验(测)方法及数量:

干砌石施工检验方法及数量

检验项目		检验方法	检验数量
石料表观质量		量测、取样试验	根据料源情况抽查1~3组,但每一种材料至少抽验1组
砌筑		观察、翻撬或铁钎插检。对砌墙(坝)必要时采用试坑法检查孔隙率	网格法布置测点,上游面护坡工程每个单元的有效检测点总数不少于30点,其他护坡工程每个单元的有效检测点总数不少于20个点
基面处理		观察、查阅施工验收记录	全数检查
基面碎石垫层铺填质量		量测、取样试验	每个单元检测点总数不少于20个点
干砌石体的断面尺寸	表面平整度	用2m靠尺量测	每个单元检测点数不少于25~30个点
	厚度	测量	每100m^2测3个点
	坡度	坡尺及垂线	每个单元实测断面不少于2个

---

① 本附录所列表,为《水利水电工程单元工程施工质量验收评定标准 土石方工程》(SL 631—2012)水利水电工程施工质量评定表。文中所述本标准,即为 SL 631—2012。

4. 单元工程施工质量验收评定应包括下列资料：

（1）施工单位应提交单元工程中所含工序（或检验项目）验收评定的检验资料。

（2）监理单位应提交对单元工程施工质量的平行检测资料。

5. 单元工程质量标准。

合格标准：

（1）主控项目，检验结果应全部符合本标准的要求。

（2）一般项目，逐项应有 70% 及以上的检验点合格，且不合格点不应集中。

（3）各项报验资料应符合本标准的要求。

优良标准：

（1）主控项目，检验结果应全部符合本标准的要求。

（2）一般项目，逐项应有 90% 及以上的检验点合格，且不合格点不应集中。

（3）各项报验资料应符合本标准的要求。

附表 2　干砌石单元工程施工质量验收评定表

单位工程名称			单元工程量		
分部工程名称			施工单位		
单元工程名称、部位			施工日期	年　月　日～ 年　月　日	
项次	检验项目	质量标准	检查(测)记录或备查资料名称	合格数	合格率
主控项目	1	石料表观质量	石料规格应符合设计要求			
	2	砌筑	自下而上错缝竖砌，石块紧靠密实，垫塞稳固，大块压边；采用水泥砂浆勾缝时，应预留排水孔。砌体应咬扣紧密、错缝			

项次		检验项目	质量标准	检查(测)记录或备查资料名称	合格数	合格率
一般项目	1	基面处理	基面处理方法、基础埋置深度应符合设计要求			
	2	基面碎石垫层铺填质量	碎石垫层料的颗粒级配、铺填方法、铺填厚度及压实度应满足设计要求			
	3	干砌石体的断面尺寸	表面平整度	符合设计要求。允许偏差为 5cm			
			厚度	符合设计要求。允许偏差为±10%			
			坡度	符合设计要求,允许偏差为±2%			

施工单位自评意见	主控项目检验点 100%合格,一般项目逐项检验点的合格率 %,且不合格点不集中分布。 单元质量等级评定为: 年 月 日 (签字,加盖公章)
监理单位复核意见	经抽检并查验相关检验报告和检验资料,主控项目检验点 100%合格,一般项目逐项检验点的合格率 %,且不合格点不集中分布。 单元质量等级评定为: 年 月 日 (签字,加盖公章)

注:1. 对关键部位单元工程和重要隐蔽单元工程的施工质量验收评定应有设计、建设等单位的代表签字,具体要求应满足《水利水电工程施工质量检测与评定规程》(SL 176—2007)的规定。

2. 本表所填"单元工程量"不作为施工单位工程量结算计量的依据。

附表 3　　　水泥砂浆砌石体单元工程质量评定表

填表说明

填表时必须遵守"填表基本规定",并符合以下要求:

1. 单元工程划分:以施工检查验收的区、段、块划分,每一个(道)墩、墙划分为一个单元工程,或每一施工段、块的一次连续砌筑层(砌筑高度一般为 3～5m)为一个单元工程。

2. 单元工程量:填写本单元砌石体工程量(m³)。

3. 本表是在 1.13.1～1.13.3 工序表质量评定后完成。

4. 单元工程施工质量验收评定应包括下列资料:

(1) 施工单位应提交单元工程中所含工序(或检验项目)验收评定的检验资料。

(2) 监理单位应提交对单元工程施工质量的平行检测资料。

5. 单元工程质量标准。

合格标准:各工序施工质量验收评定应全部合格;各项报验资料应符合本标准的要求。

优良标准:各工序施工质量验收评定应全部合格,其中优良工序应达到 50%及以上,且主要工序应达到优良等级;各项报验资料应符合本标准的要求。

附表 3　水泥砂浆砌石体单元工程施工质量验收评定表

单位工程名称		单元工程量		
分部工程名称		施工单位		
单元工程名称、部位		施工日期		年　月　日～ 年　月　日
项次	工序编号		工序质量验收评定等级	
1	水泥砂浆砌石体层面处理工序			
2	△水泥砂浆砌石体砌筑工序			
3	水泥砂浆砌石体伸缩缝(填充材料)工序			
施工单位自评意见	各工序施工质量全部合格,其中优良工序占　　%,且主要工序达到等级。 单元质量等级评定为: 　　　　　　　　　　　年　　月　　日 (签字,加盖公章)			

监理单位复核意见	经抽查并查验相关检验报告和检验资料,各工序施工质量全部合格,其中优良工序占　　%,且主要工序达到等级。 单元工程质量等级评定为: 　　　　　　　　　　　　　　　年　月　日 　　　　　　　　　　　　　　　(签字,加盖公章)

注:1. 对重要隐蔽单元工程和关键部位单元工程的施工质量验收评定应有设计、建设等单位的代表签字,具体要求应满足《水利水电工程施工质量检测与评定规程》(SL 176—2007)的规定。

2. 本表所填"单元工程量"不作为施工单位工程量结算计量的依据。

附表 3-1　水泥砂浆砌石体层面处理工序施工质量验收评定表

填表说明

填表时必须遵守"填表基本规定",并符合以下要求:

1. 单位工程、分部工程、单元工程名称及部位填写要与表 1.13 相同,工序编号为本《工序施工质量验收评定表》编号。

2. 检验(测)方法及数量:

水泥砂浆砌石体层面处理施工检验方法及数量

检验项目	检验方法	检验数量
砌体仓面清理	观察、查阅验收记录	全数检查
表面处理	观察、方格网法量测	整个砌筑面
垫层混凝土	观察、查阅施工记录	全数检查

3. 工序施工质量验收评定应提交下列资料:

(1) 施工单位各班(组)的初检记录、施工队复检记录、施工单位专职质检员终检记录,工序中各施工质量检验项目的检验资料。

(2) 监理单位对工序中施工质量检验项目的平行检测资料。

4. 工序质量标准。

合格标准:

(1) 主控项目,检验结果应全部符合本标准的要求。

(2) 一般项目,逐项应有 70%及以上的检验点合格,且不合格点不应集中。

(3) 各项报验资料应符合本标准的要求。

优良标准：

（1）主控项目，检验结果应全部符合本标准的要求。

（2）一般项目，逐项应有 90% 及以上的检验点合格，且不合格点不应集中。

（3）各项报验资料应符合本标准的要求。

附表 3-2　水泥砂浆砌石体层面处理工序施工质量
验收评定表

单位工程名称			工序编号		
分部工程名称			施工单位		
单元工程名称、部位			施工日期		年　月　日～ 年　月　日
项次	检验项目	质量标准	检查(测)记录	合格数	合格率
主控项目	1　砌体仓面清理	仓面干净，表面湿润均匀。无浮渣，无杂物，无积水，无松动石块			
	2　表面处理	垫层混凝土表面、砌石体表面局部光滑的砂浆表面应凿毛，毛面面积应不小于 95% 的总面积			
一般项目	1　垫层混凝土	已浇垫层混凝土，在抗压强度未达到设计要求前，不应在其面层上进行上层砌石的准备工作			
施工单位自评意见	主控项目检验点 100% 合格，一般项目逐项检验点的合格率　　%，且不合格点不集中分布。 工序质量等级评定为： 年　月　日 （签字，加盖公章）				
监理单位复核意见	经复核，主控项目检验点 100% 合格，一般项目逐项检验点的合格率　　%，且不合格点不集中分布。 工序质量等级评定为： 年　月　日 （签字，加盖公章）				

附表 3-3 水泥砂浆砌石体砌筑工序施工质量验收评定表

填表说明

填表时必须遵守"填表基本规定"，并符合以下要求：

1. 单位工程、分部工程、单元工程名称及部位填写要与表 1.13 相同，工序编号为本《工序施工质量验收评定表》编号。

2. 检验(测)方法及数量：

检验项目			检验方法	检验数量
石料表观质量			观察、测量	逐块观察、测量。根据料源情况抽验 1～3 组，但每一种材料至少抽验 1 组
普通砌石体砌筑			观察、翻撬观察	翻撬抽检每个单元不少于 3 块
墩、墙砌石体砌筑			观察、测量	全数检查
墩、墙砌筑型式			观察、测量	每 20 延米抽查 1 处，每处 3 延米，但每个单元工程不应少于 3 处
砌石坝	砌石体质量		试坑法	坝高 1/3 以下，每砌筑 10m 挖试坑 1 组；坝高 1/3～2/3 处，每砌筑 15m 挖试坑 1 组；坝高 2/3 以上，每砌筑 20m 挖试坑 1 组
	抗渗性能		压水试验	每砌筑 2 层高，进行 1 次钻孔压水试验，每 100～200m² 坝面钻孔 3 个，每次试验不少于 3 孔
	砌缝饱满度与密实度		钻孔检查	每 100m³ 砌体钻孔取芯 1 次
	水泥砂浆沉入度		现场抽检	每班不少于 3 次
	砌缝宽度		观察、测量	每砌筑表面 10m² 抽检 1 处，每个单元工程不少于 10 处，每处检查不少于 1m 缝长
浆砌石坝体外轮廓尺寸偏差	坝体轮廓线	平面	仪器测量	沿坝轴线方向每 10～20m 校核 1 个点，每个单元工程不少于 10 个点
		高程 重力坝		沿坝轴线方向每 3～5m 校核 1 个点，每个单元工程不少于 20 个点
		高程 拱坝、支墩坝		
	浆砌石(混凝土预制块)护坡	表面平整度		每个单元检测点数不少于 25～30 个点
		厚度		每 100m² 测 3 个点
		坡度		每个单元实测断面不少于 2 个点

检验项目			检验方法	检验数量
浆砌石墩、墙砌体位置、尺寸偏差	轴线位置偏移		经纬仪、拉线测量	每10延米检查1个点
	顶面标高		水准仪测量	每10延米检查1个点
	厚度	设闸门	测量检查	每1延米检查1个点
		无闸门	测量检查	每5延米检查1个点
浆砌石溢洪道溢流面砌筑结构尺寸	砌缝		测量	每100m² 抽查1处,每处10m²,每个单元不少于3处
	平面控制与竖向控制		经纬仪、水准仪测量	每100m² 抽查20个点
	表面平整度		用2m 靠尺检查	每100m² 抽查20个点

3. 工序施工质量验收评定应提交下列资料:

(1) 施工单位各班(组)的初检记录、施工队复检记录、施工单位专职质检员终检记录,工序中各施工质量检验项目的检验资料。

(2) 监理单位对工序中施工质量检验项目的平行检测资料。

4. 工序质量标准。

合格标准:

(1) 主控项目,检验结果应全部符合本标准的要求。

(2) 一般项目,逐项应有70%及以上的检验点合格,且不合格点不应集中。

(3) 各项报验资料应符合本标准的要求。

优良标准:

(1) 主控项目,检验结果应全部符合本标准的要求。

(2) 一般项目,逐项应有90%及以上的检验点合格,且不合格点不应集中。

(3) 各项报验资料应符合本标准的要求。

附表 3-4　水泥砂浆砌石体砌筑工序施工质量
验收评定表

单位工程名称				工序编号			
分部工程名称				施工单位			
单元工程名称、部位				施工日期		年　月　日～ 年　月　日	
项次	检验项目		质量标准	检查(测)记录	合格数	合格率	
主控项目	1	石料表观质量	石料规格应符合设计要求,表面湿润、无泥垢、油渍等污物				
	2	普通砌石体砌筑	铺浆均匀,无裸露石块;灌浆、塞缝饱满,砌缝密实,无架空等现象				
	3	墩、墙砌石体砌筑	先砌筑角石,再砌筑镶面石,最后砌筑填腹石。镶面石的厚度应不小于30cm。临时间断处的高低差应不大于1.0m,并留有平缓台阶				
	4	墩、墙砌筑型式	内外搭砌,上下错缝;丁砌石分布均匀,面积不少于墩、墙砌体全部面积的1/5,且长度大于60cm;毛块石分层卧砌,无填心砌法;每砌筑70~120cm高度找平一次;砌缝宽度基本一致				
主控项目	5	砌石坝	砌石体质量	密度、孔隙率应符合设计要求			
	6		抗渗性能	对有抗渗要求的部位,砌体透水率应符合设计要求			
	7		砌缝饱满度与密实度	饱满且密实			

项次	检验项目	质量标准					检查(测)记录	合格数	合格率
一般项目	1	水泥砂浆沉入度	符合设计要求,允许偏差为±1cm						
	2	砌缝宽度/mm		粗料石	预制块	块石	允许偏差10%		
			平缝	15～20	10～15	20～25			
			竖缝	20～30	15～20	20～40			
	3	浆砌石坝体的外轮廓尺寸允许偏差/mm	坝体轮廓线	平面		±40			
				高程	重力坝	±30			
					拱坝、支墩坝	±20			
			浆砌石(混凝土预制块)护坡	表面平整度		≤30			
				厚度		±30			
				坡度		±2%			
	4	浆砌石墩、墙砌体尺寸、位置允许偏差/mm	轴线位置偏移			±40			
			顶面标高			±30			
			厚度	设闸门部位		±20			
				无闸门部位		≤30			
一般项目	5	浆砌石溢洪道溢流面砌筑结构尺寸允许偏差/mm	砌缝类别	平缝宽15mm		±2			
				竖缝宽15～20mm		±2			
			平面控制	堰顶		±10			
				轮廓线		±20			
			竖向控制	堰顶		±10			
				其他位置		±20			
			表面平整度			20			

施工单位自评意见	主控项目检验点 100％合格，一般项目逐项检验点的合格率　　％,且不合格点不集中分布。 工序质量等级评定为： 　　　　　　　　　　　　　　　　　年　月　日 （签字,加盖公章）
监理单位复核意见	经复核,主控项目检验点 100％合格,一般项目逐项检验点的合格率　　％,且不合格点不集中分布。 工序质量等级评定为： 　　　　　　　　　　　　　　　　　年　月　日 （签字,加盖公章）

附表 3-5　水泥砂浆砌石体伸缩缝(填充材料)工序施工质量验收评定表

填表说明

填表时必须遵守"填表基本规定",并符合以下要求：

1. 单位工程、分部工程、单元工程名称及部位填写要与表 1.13 相同,工序编号为本《工序施工质量验收评定表》编号。

2. 检验(测)方法及数量：

水泥砂浆砌石体伸缩缝(填充材料)施工检验方法及数量

项次		检验项目	检验方法	检验数量
主控项目	1	伸缩缝缝面	观察	全部
	2	材料质量	观察、抽查试验	
一般项目	1	涂敷沥青料	观察	全部
	2	粘贴沥青油毛毡	观察	全部
	3	铺设预制油毡板或其他闭缝板	观察	全部

3. 工序施工质量验收评定应提交下列资料：

(1) 施工单位各班(组)的初检记录、施工队复检记录、施工单位专职质检员终检记录,工序中施工质量检验项目的检验资料。

(2) 监理单位对工序中施工质量检验项目的平行检测资料。

4. 工序质量标准。

合格标准：

(1) 主控项目，检验结果应全部符合本标准的要求。

(2) 一般项目，逐项应有 70％ 及以上的检验点合格，且不合格点不应集中。

(3) 各项报验资料应符合本标准的要求。

优良标准：

(1) 主控项目，检验结果应全部符合本标准的要求。

(2) 一般项目，逐项应有 90％ 及以上的检验点合格，且不合格点不应集中。

(3) 各项报验资料应符合本标准的要求。

附表 3-6 水泥砂浆砌石体伸缩缝(填充材料)工序 施工质量验收评定表

单位工程名称			工序编号			
分部工程名称			施工单位			
单元工程名称、部位			施工日期		年　月　日～ 年　月　日	
项次		检验项目	质量标准	检查(测)记录	合格数	合格率
主控项目	1	伸缩缝缝面	平整、顺直、干燥，外露铁件应割除，确保伸缩有效			
	2	材料质量	符合设计要求			
一般项目	1	涂敷沥青料	涂刷均匀平整、与混凝土黏结紧密，无气泡及隆起现象			
	2	粘贴沥青油毛毡	铺设厚度均匀平整、牢固、搭接紧密			
	3	铺设预制油毡板或其他闭缝板	铺设厚度均匀平整、牢固、相邻块安装紧密平整无缝			

施工单位自评意见	主控项目检验点 100%合格，一般项目逐项检验点的合格率_____%，且不合格点不集中分布。 工序质量等级评定为： 　　　　　　　　　　　　　　　　　　年 月 日 　　　　　　　　　　　　　　　　　（签字，加盖公章）
监理单位复核意见	经复核，主控项目检验点 100%合格，一般项目逐项检验点的合格率_____%，且不合格点不集中分布。 工序质量等级评定为： 　　　　　　　　　　　　　　　　　　年 月 日 　　　　　　　　　　　　　　　　　（签字，加盖公章）

附表 4　混凝土砌石体单元工程质量评定表

填表说明

填表时必须遵守"填表基本规定"，并符合以下要求：

1. 单元工程划分：以施工检查验收的区、段、块划分，每一个（道）墩、墙或每一施工段、块的一次连续砌筑层（砌筑高度一般为 3～5m）划分为一个单元工程。

2. 单元工程量：填写本单元工程砌石体工程量（m³）。

3. 本表是在 1.14.1～1.14.3 工序表质量评定后完成。

4. 单元工程施工质量验收评定应包括下列资料：

（1）施工单位应提交单元工程中所含工序（或检验项目）验收评定的检验资料。

（2）监理单位应提交对单元工程施工质量的平行检测资料。

5. 单元工程质量标准。

合格标准：各工序施工质量验收评定应全部合格；各项报验资料应符合本标准的要求。

优良标准：各工序施工质量验收评定应全部合格，其中优良工序应达到 50%及以上，且主要工序应达到优良等级；各项报验资料应符合本标准的要求。

附表4 混凝土砌石体单元工程施工质量验收评定表

单位工程名称		单元工程量	
分部工程名称		施工单位	
单元工程名称、部位		施工日期	年　月　日～ 年　月　日

项次	工序编号	工序质量验收评定等级
1	混凝土砌石体层面处理工序	
2	△混凝土砌石体砌筑工序	
3	混凝土砌石体伸缩缝工序	

施工单位自评意见	各工序施工质量全部合格，其中优良工序占＿＿＿％，且主要工序达到等级。 单元工程质量等级评定为： 　　　　　　　　　　　　　　　　　年　月　日 　　　　　　　　　　　　　　　（签字，加盖公章）
监理单位复核意见	经抽查并查验相关检验报告和检验资料，各工序施工质量全部合格，其中优良工序占＿＿＿％，且主要工序达到等级。 单元工程质量等级评定为： 　　　　　　　　　　　　　　　　　年　月　日 　　　　　　　　　　　　　　　（签字，加盖公章）

注：1. 对重要隐蔽单元工程和关键部位单元工程的施工质量验收评定应有设计、建设等单位的代表签字，具体要求应满足《水利水电工程施工质量检测与评定规程》(SL 176—2007)的规定。

2. 本表所填"单元工程量"不作为施工单位工程量结算计量的依据。

附表4-1　混凝土砌石体层面处理工序施工质量验收评定表

填表说明

填表时必须遵守"填表基本规定"，并符合以下要求：

1. 单位工程、分部工程、单元工程名称及部位填写要与表1.14相同，工序编号为本《工序施工质量验收评定表》编号。

2. 检验(测)方法及数量：

混凝土砌石体层面处理施工检验方法及数量：

检验项目	检验方法	检验数量
砌体仓面清理	观察、查阅验收记录	全数检查
表面处理	观察、方格网法量测	整个砌筑面
垫层混凝土	观察、查阅施工记录	全数检查

3. 工序施工质量验收评定应提交下列资料:

(1) 施工单位各班(组)的初检记录、施工队复检记录、施工单位专职质检员终检记录,工序中各施工质量检验项目的检验资料。

(2) 监理单位对工序中施工质量检验项目的平行检测资料。

4. 工序质量标准。

合格标准:

(1) 主控项目,检验结果应全部符合本标准的要求。

(2) 一般项目,逐项应有 70% 及以上的检验点合格,且不合格点不应集中。

(3) 各项报验资料应符合本标准的要求。

优良标准:

(1) 主控项目,检验结果应全部符合本标准的要求。

(2) 一般项目,逐项应有 90% 及以上的检验点合格,且不合格点不应集中。

(3) 各项报验资料应符合本标准的要求。

附表 4-1 　　混凝土砌石体层面处理工序施工质量验收评定表

单位工程名称		工序编号		
分部工程名称		施工单位		
单元工程名称、部位		施工日期		年　月　日～ 年　月　日
项次	检验项目	质量标准	检查(测)记录	合格数	合格率
主控项目	1　砌体仓面清理	仓面干净,表面湿润均匀。无浮渣,无杂物,无积水,无松动石块			
	2　表面处理	垫层混凝土表面、砌石体表面局部光滑的砂浆表面应凿毛,毛面面积应不小于 95% 的总面积			

项次	检验项目	质量标准	检查(测)记录	合格数	合格率
一般项目	1	垫层混凝土	已浇垫层混凝土,在抗压强度未达到设计要求前,不应在其面层上进行上层砌石的准备工作			

施工单位自评意见	主控项目检验点 100%合格,一般项目逐项检验点的合格率_____%,且不合格点不集中分布。 工序质量等级评定为: 年　月　日 (签字,加盖公章)
监理单位复核意见	经复核,主控项目检验点 100%合格,一般项目逐项检验点的合格率_____%,且不合格点不集中分布。 工序质量等级评定为: 年　月　日 (签字,加盖公章)

附表 4-2　混凝土砌石体砌筑工序施工质量验收评定表

填表说明

填表时必须遵守"填表基本规定",并符合以下要求:

1. 单位工程、分部工程、单元工程名称及部位填写要与表 1.14 相同,工序编号为本《工序施工质量验收评定表》编号。

2. 检验(测)方法及数量:

检验项目	检验方法	检验数量
石料表观质量	观察、测量	逐块观察、测量。根据料源情况抽验1~3组,但每一种材料至少抽验1组
砌石体砌筑	观察、翻撬检查	翻撬抽检每个单元不少于3块
腹石砌筑型式	现场观察	每100m² 坝面抽查1处,每处面积至少不小于10m²,每个单元不应少于3处
砌石体质量	试坑法	坝高1/3 以下,每砌筑10m 高挖试坑1组;坝高1/3~2/3 处,每砌筑15m 高挖试坑1组;坝高2/3以上,每砌筑20m 高挖试坑1组

检验项目					检验方法	检验数量
混凝土维勃稠度或坍落度					现场抽检	每班不少于3次
表面砌缝宽度					观察、测量	每砌筑表面10m²抽检1处，每个单元工程不少于10处，每处检查不少于1m缝长
混凝土砌石体的外轮廓尺寸位置	浆砌石坝体的外轮廓尺寸	坝体轮廓线	平面	重力坝	仪器测量	沿坝轴线方向每10~20m校核1个点，每个单元工程不少于10个点
			高程	拱坝、支墩坝		沿坝轴线方向每3~5m校核1个点，每个单元工程不少于20个点
		浆砌石(混凝土预制块)护坡	表面平整度			每个单元检测点数不少于25~30个点
			厚度			每100m²测3个点
			坡度			每个单元实测断面不少于2个点
	墩墙砌体尺寸位置	轴线位置偏移			经纬仪、拉线测量	每10延米检查1个点
		顶面标高			水准仪测量	每10延米检查1个点
		厚度	设闸门部位		测量检查	每1延米检查1个点
			无闸门部位		测量检查	测量检查，每5延米检查1个点
	溢洪道溢流面砌筑结构尺寸	砌缝类别	平缝宽15mm		测量	每100m²抽查1处，每处10m²，每个单元不少于3处
			竖缝宽15~20mm			
		平面控制与竖向控制			经纬仪、水准仪测量	每100m²抽查20个点
		表面平整度			用2m靠尺检查	每100m²抽查20个点

3. 工序施工质量验收评定应提交下列资料：

（1）施工单位各班（组）的初检记录、施工队复检记录、施工单位专职质检员终检记录，工序中各施工质量检验项目的检验资料。

（2）监理单位对工序中施工质量检验项目的平行检测资料。

4. 工序质量标准。

合格标准：

（1）主控项目，检验结果应全部符合本标准的要求。

（2）一般项目，逐项应有70%及以上的检验点合格，且不合格点不应集中。

（3）各项报验资料应符合本标准的要求。

优良标准：

（1）主控项目，检验结果应全部符合本标准的要求。

（2）一般项目，逐项应有90%及以上的检验点合格，且不合格点不应集中。

（3）各项报验资料应符合本标准的要求。

附表 4-2　　混凝土砌石体砌筑工序施工质量验收评定表

单位工程名称				工序编号		
分部工程名称				施工单位		
单元工程名称、部位				施工日期	年　月　日～ 年　月　日	
项次	检验项目		质量标准	检查(测)记录	合格数	合格率
主控项目	1	石料表观质量	石料规格应符合设计要求，表面湿润，无泥垢及油渍等污物			
	2	砌石体砌筑	混凝土铺设均匀，无裸露石块；砌石体灌注、塞缝混凝土饱满，砌缝密实，无架空现象			
	3	腹石砌筑型式	粗料石砌筑，宜一丁一顺或一丁多顺；毛石砌筑，石块之间不应出现线或面接触			
	4	砌石体质量	抗渗性、密度、孔隙率应符合设计要求			

项次	检验项目	质量标准					检查(测)记录	合格数	合格率
一般项目	1	混凝土维勃稠度或坍落度	拌和物均匀,维勃稠度或坍落度偏离设计中值不大于2cm						
	2	表面砌缝宽度	砌缝类别	砌缝宽度/mm			允许偏差		
				粗料石	预制块	块石			
			平缝	25～30	20～25	30～35	10%		
			竖缝	30～40	25～30	30～50			
	3	混凝土砌石体的外轮廓尺寸	浆砌石坝体的外轮廓尺寸	项目			允许偏差/mm		
				坝体轮廓线	平面		±40		
					高程	重力坝	±30		
						拱坝、支墩坝	±20		
				浆砌石(混凝土预制块)	表面平整度		≤30		
					厚度		±30		
				护坡	坡度		±2%		
			浆砌石墩、墙砌体尺寸、位置	类别			允许偏差/mm		
				轴线位置偏移			±40		
				顶面标高			±30		
				厚度	设闸门部位		±20		
					无闸门部位		≤30		

			类别	项目	允许偏差/mm	
一般项目	3	混凝土砌石体的外轮廓尺寸	浆砌石溢洪道溢流面砌筑结构尺寸	砌缝类别	平缝宽15mm	±2	
					竖缝宽15～20mm	±2	
				平面控制	堰顶	±10	
					轮廓线	±20	
				竖向控制	堰顶	±10	
					其他位置	±20	
				表面平整度		20	

施工单位自评意见	主控项目检验点 100%合格,一般项目逐项检验点的合格率_____%,且不合格点不集中分布。 工序质量等级评定为: 　　　　　　　　　　　　　年　月　日 (签字,加盖公章)
监理单位复核意见	经复核,主控项目检验点 100%合格,一般项目逐项检验点的合格率_____%,且不合格点不集中分布。 工序质量等级评定为: 　　　　　　　　　　　　　年　月　日 (签字,加盖公章)

附表 4-3　　混凝土砌石体伸缩缝工序施工质量验收评定表

填表说明

填表时必须遵守"填表基本规定",并符合以下要求:

1. 单位工程、分部工程、单元工程名称及部位填写要与表 1.14 相同,工序编号为本《工序施工质量验收评定表》编号。

2. 检验(测)方法及数量:

混凝土砌石体伸缩缝施工检验方法及数量:

检验项目	检验方法	检验数量
伸缩缝缝面	观察	全部
材料质量	观察、抽查试验	
涂敷沥青料	观察	全部
粘贴沥青油毛毡	观察	全部
铺设预制油毡板或其他闭缝板	观察	全部

3. 工序施工质量验收评定应提交下列资料：

（1）施工单位各班(组)的初检记录、施工队复检记录、施工单位专职质检员终检记录，工序中各施工质量检验项目的检验资料。

（2）监理单位对工序中施工质量检验项目的平行检测资料。

4. 工序质量标准。

合格标准：

（1）主控项目，检验结果应全部符合本标准的要求。

（2）一般项目，逐项应有70％及以上的检验点合格，且不合格点不应集中。

（3）各项报验资料应符合本标准的要求。

优良标准：

（1）主控项目，检验结果应全部符合本标准的要求。

（2）一般项目，逐项应有90％及以上的检验点合格，且不合格点不应集中。

（3）各项报验资料应符合本标准的要求。

附表 4-3　　混凝土砌石体伸缩缝工序施工质量验收评定表

单位工程名称			工序编号		
分部工程名称			施工单位		
单元工程名称、部位			施工日期	年　月　日～ 年　月　日	
项次		检验项目	质量标准	检查(测)记录	合格数	合格率
主控项目	1	伸缩缝缝面	平整、顺直、干燥，外露铁件应割除，确保伸缩有效			
	2	材料质量	符合设计要求			

项次		检验项目	质量标准	检查(测)记录	合格数	合格率
一般项目	1	涂敷沥青料	涂刷均匀平整、与混凝土黏结紧密,无气泡及隆起现象			
	2	粘贴沥青油毛毡	铺设厚度均匀平整、牢固、搭接紧密			
	3	铺设预制油毡板或其他闭缝板	铺设厚度均匀平整、牢固、相邻块安装紧密平整无缝			
施工单位自评意见			主控项目检验点 100%合格,一般项目逐项检验点的合格率_____%,且不合格点不集中分布。 工序质量等级评定为: 年 月 日 (签字,加盖公章)			
监理单位复核意见			经复核,主控项目检验点 100%合格,一般项目逐项检验点的合格率_____%,且不合格点不集中分布。 工序质量等级评定为: 年 月 日 (签字,加盖公章)			

附表 5　水泥砂浆勾缝单元工程质量评定表

填表说明

填表时必须遵守"填表基本规定",并符合以下要求:

1. 单元工程划分:以水泥砂浆勾缝的砌体面积或相应的砌体分段、分块划分。

2. 单元工程量:填写本单元工程水泥砂浆勾缝面积(m²)。

3. 检验(测)方法及数量:

水泥砂浆勾缝单元工程施工检验方法及数量:

检验项目	检验方法	检验数量
清缝	观察、测量	每10m² 砌体表面抽检不少于5处，每处不少于1m缝长
勾缝	砂浆初凝前通过压触对比抽检勾缝的密实度。抽检压触深度不应大于0.5cm	每100m² 砌体表面至少抽检10处，每处不少于1m缝长
养护	观察、检查施工记录	全数检查
水泥砂浆沉入度	现场抽检	每班不少于3次

4. 单元工程施工质量验收评定应包括下列资料：

(1) 施工单位应提交单元工程中所含工序(或检验项目)验收评定的检验资料。

(2) 监理单位应提交对单元工程施工质量的平行检测资料。

5. 单元工程质量标准。

合格标准：

(1) 主控项目，检验结果应全部符合本标准的要求。

(2) 一般项目，逐项应有70%及以上的检验点合格，且不合格点不应集中。

(3) 各项报验资料应符合本标准的要求。

优良标准：

(1) 主控项目，检验结果应全部符合本标准的要求。

(2) 一般项目，逐项应有90%及以上的检验点合格，且不合格点不应集中。

(3) 各项报验资料应符合本标准的要求。

附表5 水泥砂浆勾缝单元工程施工质量验收评定表

单位工程名称		单元工程量		
分部工程名称		施工单位		
单元工程名称、部位		施工日期		年　月　日～ 年　月　日

项次		检验项目	质量标准	检查(测)记录或备查资料名称	合格数	合格率
主控项目	1	清缝	清缝宽度不小于砌缝宽度,水平缝清缝深度不小于4cm,竖缝清缝深度不小于5cm;缝槽清洗干净,缝面湿润,无残留灰渣和积水			
	2	勾缝	勾缝型式符合设计要求,分次向缝内填充、压实,密实度达到要求,砂浆初凝后不应扰动			
	3	养护	有效及时,一般砌体养护28d;对有防渗要求的砌体养护时间应满足设计要求。养护期内表面保持湿润,无时干时湿现象			
一般项目	1	水泥砂浆沉入度	符合设计要求,允许偏差为±1cm			

施工单位自评意见	主控项目检验点100%合格,一般项目逐项检验点的合格率_____%,且不合格点不集中分布。 单元质量等级评定为: 　　　　　　　　　　　年　月　日 （签字,加盖公章）
监理单位复核意见	经抽检并查验相关检验报告和检验资料,主控项目检验点100%合格,一般项目逐项检验点的合格率_____%,且不合格点不集中分布。 单元质量等级评定为: 　　　　　　　　　　　年　月　日 （签字,加盖公章）

注:1. 对关键部位单元工程和重要隐蔽单元工程的施工质量验收评定应有设计、建设等单位的代表签字,具体要求应满足《水利水电工程施工质量检测与评定规程》(SL 176—2007)的规定。

2. 本表所填"单元工程量"不作为施工单位工程量结算计量的依据。

附表6 土工织物滤层与排水单元工程施工质量验收评定表

填表说明

填表时必须遵守"填表基本规定",并符合以下要求:

1. 单元工程划分:以设计和施工铺设的区、段划分。平面形式每 $500 \sim 1000m^2$ 划分为一个单元工程;圆形、菱形或梯形断面(包括盲沟)形式每 $50 \sim 100$ 延米划分为一个单元工程。

2. 单元工程量:填写本单元工程土工织物滤层与排水面积(m^2)。

3. 本表是在 $1.16.1 \sim 1.16.4$ 工序表质量评定后完成。

4. 单元工程施工质量验收评定应包括下列资料:

(1) 施工单位应提交单元工程中所含工序(或检验项目)验收评定的检验资料。

(2) 监理单位应提交对单元工程施工质量的平行检测资料。

5. 单元工程质量标准。

合格标准:各工序施工质量验收评定应全部合格;各项报验资料应符合本标准的要求。

优良标准:各工序施工质量验收评定应全部合格,其中优良工序应达到50%及以上,且主要工序应达到优良等级;各项报验资料应符合本标准的要求。

附表6 土工织物滤层与排水单元工程施工质量验收评定表

单位工程名称		单元工程量	
分部工程名称		施工单位	
单元工程名称、部位		施工日期	年 月 日~ 年 月 日

项次	工序编号	工序质量验收评定等级
1	场地清理与垫层料铺设	
2	织物备料	
3	△土工织物铺设	
4	回填和表面防护	

施工 单位 自评 意见	各工序施工质量全部合格,其中优良工序占_____%,且主要工序达到等级。 单元工程质量等级评定为: 年　月　日 (签字,加盖公章)
监理 单位 复核 意见	经抽查并查验相关检验报告和检验资料,各工序施工质量全部合格,其中优良工序占_____%,且主要工序达到等级。 单元工程质量等级评定为: 年　月　日 (签字,加盖公章)

注:1. 对重要隐蔽单元工程和关键部位单元工程的施工质量验收评定应有设计、建设等单位的代表签字,具体要求应满足《水利水电工程施工质量检测与评定规程》(SL 176—2007)的规定。

2. 本表所填"单元工程量"不作为施工单位工程量结算计量的依据。

参 考 文 献

[1]《建筑施工手册》（第五版）编写编委会.建筑施工手册（第五版）[M].北京:中国建筑工业出版社,2012.

[2]《水利水电工程施工手册》编写编委会.水利水电工程施工手册（第3卷混凝土工程）[M].北京:中国电力出版社,2002.

[3]《水利水电施工工程师手册》编写编委会.水利水电施工工程师手册[M].北京:中科多媒体电子出版社,2003.

[4] 全国一级建造师执业资格考试用书编写委员会.水利水电工程管理与实务[M].第四版.北京:中国建筑工业出版社,2014.

[5] 全国二级建造师执业资格考试用书编写委员会.水利水电工程管理与实务[M].第四版.北京:中国建筑工业出版社,2015.

[6] 周和荣.砌体结构工程施工[M].北京:化学工业出版社,2011.

[7] 董伟.砌体工程施工[M].北京:人民邮电出版社,2015.

内容提要

本书是《水利水电工程施工实用手册》丛书之《砌体工程施工》分册,以国家现行建设工程标准、规范、规程为依据,结合编者多年工程实践经验编纂而成。全书共 9 章,内容包括:砌体材料、砌筑工程机具、砌筑用脚手架、石砌体工程、砌块砌体工程、装饰工程、季节施工、安全与环保、砌体工程质量标准及检验方法与等级评定。

本书适合水利水电施工一线工程技术人员、操作人员使用。可作为水利水电砌体工程施工作业人员的培训教材,亦可作为大专院校相关专业师生的参考资料。

《水利水电工程施工实用手册》